GO 语言

核心编程

李文塔 / 著

电子工业出版社.
Publishing House of Electronics Industry
北京·BEIJING

内 容 简 介

本书是一本系统介绍 Go 语言编程的书籍。首先介绍 Go 语言的基础知识，使读者对 Go 语言有一个整体的认知。接着围绕 Go 语言的三大语言特性：类型系统、接口和并发展开论述，本书不单单介绍每个语言特性怎么使用，在章节的最后还对重要语言特性的底层实现原理做了介绍。接着介绍反射这个高级语言特征。此外，本书专门用一章的篇幅来介绍 Go 语言的陷阱。最后介绍 Go 语言的工程实践和编程思想。相信本书能够帮助读者快速、深入地了解和学习这门语言。

本书适合各个层次的 Go 语言开发者阅读，初学者可以系统地从头学习，有一定的编程经验者可以选择性地阅读本书。

图书在版编目（CIP）数据

Go 语言核心编程 / 李文塔著. —北京：电子工业出版社，2018.9

ISBN 978-7-121-34911-9

Ⅰ．①G… Ⅱ．①李… Ⅲ．①程序语言－程序设计 Ⅳ．①TP312

中国版本图书馆 CIP 数据核字（2018）第 187936 号

责任编辑：陈晓猛

印　　刷：北京盛通数码印刷有限公司
装　　订：北京盛通数码印刷有限公司
出版发行：电子工业出版社
　　　　　北京市海淀区万寿路 173 信箱　　邮编：100036
开　　本：787×980　　1/16　　印张：17.5　　字数：336 千字
版　　次：2018 年 9 月第 1 版
印　　次：2023 年 11 月第 15 次印刷
定　　价：79.00 元

凡所购买电子工业出版社图书有缺损问题，请向购买书店调换。若书店售缺，请与本社发行部联系，联系及邮购电话：（010）88254888，88258888。

质量投诉请发邮件至 zlts@phei.com.cn，盗版侵权举报请发邮件至 dbqq@phei.com.cn。

本书咨询联系方式：010-51260888-819，faq@phei.com.cn。

前言

写作背景

2007 年，Go 语言诞生于谷歌公司，2009 年开源，2012 年推出 1.0 版本，曾两次获得 TIOBE 年度语言（2009 年和 2016 年）。2012 年起，全球大量的开源项目开始使用 Go 语言进行开发，目前 Go 语言已经成为云计算领域事实上的标准语言，特别是在容器领域，诞生了一大批优秀的开源软件，如 Docker、Kubernetes 等。2017 年区块链技术在国内大热，区块链两个大的技术平台以太坊（Ethereum）和超级账本（Hyperledger）子项目 Fabric 都是基于 Go 语言构建的。Go 语言的应用领域逐步扩大，目前在区块链、云计算、中间件和服务器编程领域显现出明显的优势。Go 语言最先在云计算公司盛行，随后大量的互联网初创企业将 Go 语言作为后台主要开发语言。目前，无论互联网公司里的独角兽，还是 BAT（百度、阿里巴巴、腾讯），都已将 Go 语言作为其技术栈的重要组成部分。市场对于 Go 语言编程人才的需求量也在持续上升。

目前，Go 语言编程类图书有如下几个类别。

- 基础全面型

七牛团队写作和翻译的几本书（《Go 语言编程》《Go 程序设计语言》等），系统地介绍了 Go 开发的基础知识，为 Go 语言在国内的推广做出了很大的贡献。

- 源码深入型

雨痕的《Go 语言学习笔记》，上半部分是对 Go 语言基础知识的总结，下半部分对源码进行了分析，是学习 Go 语言内部原理非常好的参考书。

- 专业领域型

专注于介绍某个应用领域，比如谢孟军的《Go Web 编程》，这类图书主要是介绍使用 Go 语言在某个领域进行开发的相关知识。

市面上 Go 语言的图书这么多了，为什么又要写一本，本书和市面上的图书有什么区别呢？这也是我写这本书之前就认真思考过的问题。我发现市面上缺少介绍 Go 语言核心特性和使用陷阱的书。Go 语言核心特性包括类型系统、接口、并发，这三部分是 Go 语言最精华、最优美、最重要的语言特性。于是我就围绕这三个主题写了本书，书名就叫《Go 语言核心编程》。以类型系统为例，Go 语言中的类型涉及简单类型、复合类型、命名类型、未命名类型、静态类型、动态类型、底层类型、接口类型、具体类型及类型字面量等诸多概念，这些在先前的书籍里没有系统地介绍过，本书试图帮助读者梳理清楚这些类型的含义，建立概念，认清类型本质并学会使用；在并发编程中给出了 5 个并发编程范式并系统地介绍了 context 标准库，这也是本书特有的。

内容简介

本书共 9 章，围绕如下主题展开：基础知识（第 1 章）、语言核心（第 2 章～第 7 章）、工程管理（第 8 章）和编程哲学（第 9 章）。

基础知识

第 1 章介绍 Go 语言编程的基础知识。基础知识部分力求从系统性的角度讲述 Go 语言简洁的语法知识，试图帮助读者了解 Go 语言源程序基本结构，这是本书不同于其他书籍的地方。本章先对 Go 的源程序进行整体介绍，然后从词法分析的角度介绍 Go 语言的各个 token，接着介绍 Go 语言的基础语法：变量和常量、数据类型及控制结构，让读者学习 Go 语言的语法知识时可以"既见树木，又见森林"。

语言核心

本书的第 2～7 章讲解 Go 语言核心知识，这部分是本书最核心、最重要的部分，主要围绕如下 4 个主题展开。

- 类型系统

本书用 3 章的篇幅来讲解 Go 语言的类型系统，分别是第 2 章函数、第 3 章类型系统和第 4 章接口。类型系统是 Go 语言的灵魂，Go 语言小而美的类型系统是其区别于其他语言的显著特征。函数在 Go 语言中是"一等公民"，非侵入式的接口设计也很有特点。类型系统是本书的一条主要线索，几乎贯穿本书的所有章节，在反射章节里会对 Go 的类型系统做一个总结。掌握类型系统是写好 Go 程序的关键。

- 并发编程

第 5 章介绍 Go 并发编程，并发编程的原生支持是 Go 语言显著的语言特征。"不要通过共享内存来通信，而是通过通信来共享内存"，本章首先讲解语言层面对并发的支持，接着讲解 context 标准库的知识，最后讲解常用的并发范式和 Go 并发模型。

- 反射

第 6 章介绍 Go 语言反射的相关知识。反射是 Go 语言的高级特性，反射是把"双刃剑"，用好了会有强大的威力，但由于其复杂性且易产生运行时 panic，因此反射又表现出脆弱性。Go 语言没有提供泛型支持，所以在开发框架和大型系统中反射是必须面对的一个技术点，市面上的图书对这部分的介绍不多，本书分类总结了 Go 的反射 API，尽可能梳理出条理清晰的 API 结构；同时以类型系统和接口底层实现为基础来介绍反射；最后介绍著名的 Web 框架 martini 中使用的依赖注入库 inject。

- 陷阱和习惯用法

第 7 章介绍 Go 语言陷阱和一些习惯用法，包括 Go 语言使用过程中容易出错和初学者容易困惑的知识点。Go 语言虽然设计简洁，但在某些方面还是有瑕疵的，比如 defer 陷阱、短变量的声明、range 临时变量共享等。同时 Go 又有其鲜明的书写格式和习惯用法，本章的最后会介绍这些内容。

工程管理

Go 语言是一门面向工程的语言，而不是学术界的产物，第 8 章介绍 Go 语言工程管理方面的知识，主要介绍 Go 的编程环境、命名空间和包管理的相关内容。

编程哲学

第 9 章讨论编程哲学，这部分内容不是介绍编程细节知识，读者可以把它当作散文来读。先对 Go 语言编程哲学做一个总结：少即是多，世界是并行的，组合优于继承，面向接口编程，等等，试图从哲学的角度来阐述这些设计思想的先进性。最后介绍 Go 语言的里程碑事件及未来的发展方向。

相关约定

本书使用 Go 代表 Go 语言的简写，使用 go 表示 Go 语言的并发关键字，使用 goroutine 代表 Go 语言中的并发执行体。通道和 chan 都代表 Go 语言的通信管道。切片和 slice 都表示 Go 语言内置的可变数组。本书使用实例或者类型实例表示具体类型的变量，而没有使用传统语言对象的概念。标准库和标准包会混用，都是指 Go 语言自带的标准库。复制和拷贝具有相同的语义，都表示将数据复制一份并拷贝到另一处内存空间。本书是基于 Go 1.10.2 写作的，新版本的变动请读者以官方文档为准。截至本书出版时，Go 1.11 发布，官方推出了新的包管理工具 go mod，go mode 兼容 dep，dep 仍可放心使用，go mod 是新增的功能，可能需要一段时间才能成熟。

总结

本书绝大部分内容是我六年来在学习和实践 Go 语言过程中的总结和感悟，成书过程中也参阅了部分网上和官方资料，由于能力有限，疏忽和不足之处难免发生，欢迎读者指正，以便及时修订，我的邮箱是 email.tata@qq.com。

感谢

本书原稿基于 GitBook+Markdown 在 Linux 下使用 Vim 完成写作，原始稿件版式简单，非常感谢电子工业出版社博文视点编辑部的帮助，使其变成一本优美的纸质书。非常感谢曾刘刚通读全书，帮助审稿；同时感谢宫振飞、胡宸源、宋磊在成书过程中给予的宝贵意见。在时间碎片化的今天，一字一句地写完一本书是对自己毅力和耐心的极大考验，感谢在成书过程中妻子黄静给予的鼓励和支持。封面上可爱的地鼠来自上田拓也的作品，非常感谢上田先生欣然授权本书使用。

李文塔

------------------------- **读者服务** -------------------------

轻松注册成为博文视点社区用户（www.broadview.com.cn），扫码直达本书页面。

- **下载资源**：本书如提供示例代码及资源文件，均可在 下载资源 处下载。
- **提交勘误**：您对书中内容的修改意见可在 提交勘误 处提交，若被采纳，将获赠博文视点社区积分（在您购买电子书时，积分可用来抵扣相应金额）。
- **交流互动**：在页面下方 读者评论 处留下您的疑问或观点，与我们和其他读者一同学习交流。

页面入口：http://www.broadview.com.cn/34911

目录

第 1 章
基础知识

本章介绍 Go 语言编程的基础知识。常听一些朋友抱怨："看了某一门语言的编程书籍一百多页，还不清楚一个简单的程序是什么模样，看着后面的内容忘记了前面的内容"。本章不会罗列一个个知识点来介绍语法知识，而是从程序员的视角介绍 Go 的基础语法知识。先介绍 Go 源代码的整体构成和特点，然后从编译器词法产生 tokens 的视角来分析 Go 源程序的构成，最后介绍语法的基本知识。相信这种从整体到详细的论述视角能更好地帮助读者学习 Go 语言基础知识。

1.1 节先对 Go 语言的语言特性做一个整体的概述，使读者对 Go 语言有一个基本的印象。1.2 节通过一个简单的"hello,world"程序介绍 Go 语言源程序的整体构成。1.3 节从编译器编译源代码的角度介绍 Go 源程序中 token 的概念，并对每种 token 做一个简单的介绍，让读者对 Go 语言源程序的基本构成单元 token 有一个整体认识，通过 1.2 节和 1.3 节的介绍能让读者先对 Go 程序建立整体印象。1.4 节开始对 Go 语言源程序重要构成元素变量和常量进行介绍；接着介绍 Go 语言的基本数据类型和复合数据类型，最后介绍 Go 语言的控制结构。通过本章的学习，读者能够对 Go 语言的基础语法支持有一个整体的了解，为深入学习其他语言特性奠定基础。

1.1　语言简介

已经有那么多种编程语言了，为什么还要发明新语言？为什么还要去学习新语言？相信不少人都有这样的疑问。答案很简单，虽然有那么多种语言，但每种语言都有其独特的应用领域，在某个领域使用某种语言能达到收益/投入的最大化。比如在嵌入式领域，汇编和 C 是首选；在操作系统领域，C 是首选；在系统级服务编程领域，C++是首选；在企业级应用程序和 Web 应用领域，Java 是首选。就好比木工的工具箱中锤子可以有很多种，大厨的工具箱中刀子有很多种一样，某种语言就像某种锤子或者某种刀一样，有其特别应用的领域。

1.1.1　Go 语言的诞生背景

Go 语言的诞生主要基于如下原因：

（1）摩尔定律接近失效后多核服务器已经成为主流，当前的编程语言对并发的支持不是很好，不能很好地发挥多核 CPU 的威力。

（2）程序规模越来越大，编译速度越来越慢，如何快速地编译程序是程序员的迫切需求。

（3）现有的编程语言设计越来越复杂，由于历史的包袱，某些特性的实现不怎么优雅，程序员花费了更多的精力来应对编程语法细节而不是问题域。

Go 语言就是为了解决当下编程语言对并发支持不友好、编译速度慢、编程复杂这三个问题而诞生的。

1.1.2　语言特性

编程语言有几百种，语法形式千差万别，将这些语法进行抽象概括，剔除表现形式的差异，就形成了一个个表达语义的语言特性，有些语言特性是某个语言独有的，但绝大部分语言特征是很多语言共有的。总的语言特性就几十种，下面归纳一下常用的高级语言的语言特性。

语言组织

所有的高级语言都使用源代码来表达程序，程序的语法格式千差万别，但表达这些语法的基本概念大同小异，主要包括：

- 标识符和关键字；
- 变量和常量；
- 运算符；
- 表达式；
- 简单语句；
- 控制结构。

类型系统

每种高级语言都有自己的类型系统，类型系统的特性主要表现在以下几个方面。

- 动静特性：动态语言还是静态语言。
- 类型强弱：强类型还是弱类型。
- 基本数据类型：包括类型及其支持的运算和操作集合。
- 自定义数据类型：包括类型及其支持的运算和操作集合。

抽象特性

- 函数：是否支持函数、匿名函数、高阶函数、闭包等。
- 面向对象：是否支持面向对象。
- 多态：如何支持多态。
- 接口：是否支持接口，以及接口实现模式。

元编程特性

- 泛型：是否支持泛型。
- 反射：是否支持反射，反射的能力。

运行和跨平台语言特性

- 编译模式：是编译成可执行程序，还是编译成中间代码，还是解释器解释执行。
- 运行模式：直接由 OS 加载运行，还是由虚拟机加载执行。
- 内存管理：是否支持垃圾回收。
- 并发支持：是否原生支持并发，还是库支持。
- 交叉编译：是否支持交叉编译。
- 跨平台支持：是否支持多个平台。

语言软实力特性

- 库：标准库和第三方库是否丰富、好用、高效。
- 框架：是否有非常出众的框架。
- 语言自身兼容性：语言规范是否经常变换，语言新版本向前兼容性。
- 语言影响力：是否有商业公司支持，社区的活跃性，是否是著名项目。

1.1.3　Go 语言的特性

介绍了那么多通用的语言特性，下面通过对比来介绍 Go 语言的语言特性，如表 1-1 所示。

表 1-1　语言特性对比

特 性 集 合	特 性 项	Go	C	Java
基础语法	关键字和保留字	25 个	ANSI 32 个	大于 48 个
	控制结构	支持顺序、循环、分支	支持顺序、循环、分支	支持顺序、循环、分支
类型系统	动、静特性	静态语言，支持运行时动态类型	静态语言	静态语言
	强、弱特性	强类型	弱类型	强类型
	隐式类型推导	支持	否	否
	类型安全	类型安全	非类型安全	类型安全
	自定义数据类型	支持 type 自定义	struct	通过类/接口实现自定义类型和行为
抽象	函数	支持	支持	支持
	面向对象支持	类型组合支持面向对象	struct 内嵌函数指针支持	类/接口
	接口	Duck 模型	void *间接支持	显式声明
	多态	通过接口支持	void *间接支持	接口及继承关系支持
元编程	泛型支持	无	无	有
	反射支持	有	无	有
平台和运行模式	编译模式	编译成可执行程序	编译成可执行程序	编译成中间字节码
	运行模式	直接运行	直接运行	虚拟机加载执行
	内存管理	支持自动垃圾回收	手动管理	支持自动垃圾回收
	并发支持	协程（语言原生支持）	OS 线程（库支持协程）	Java 线程（JVM 内部映射到 OS 线程）
	交叉编译	支持	支持	中间代码无交叉编译必要
	跨平台	支持	支持	原生跨平台
语言软实力	标准库和第三方库	丰富，发展很快	很丰富	很丰富
	框架	丰富，发展很快	很丰富	很丰富
	语法兼容性	向前兼容性好	向前兼容性好	向前兼容性好

续表

特性集合	特 性 项	Go	C	Java
	影响力	社区活跃，Google 背书	40 多年宝刀未老	社区活跃，近几年受 Oracle 控制
	应用领域	云计算基础设施软件、中间件、区块链	OS 及系统软件	企业级应用/大数据/移动端

1.1.4　总结

如何学习新知识？从大脑的角度来说快速学习新知识的办法是将其与已经掌握的旧知识进行对比，大脑将新知识链接到旧知识里面，最终形成一个知识体系。单纯的知识是不能解决问题的，只有将知识转化为技能，技能才能真正地解决问题。那么什么又是技能呢？所谓技能就是把已掌握的知识抽象成解决问题的认知模型，这些认知模型能够指导我们解决某个领域和相似领域的问题。

同理，编程语言的学习也可以归纳为两个过程：一是要尽量利用已经掌握的编程语言，将新语言和已掌握语言的语法进行对比，梳理出相同点和不同点，建立知识间的连接，从而快速掌握新语言的语法知识；二是在语言特性上对比新旧语言，新语言一般只是语法新，大多数语言的语言特性都大同小异，语言特性具有通用性，语言特性决定着语言的表现力和编程范式，把握新语言的语言特性也是快速学习新语言的一条捷径。希望这些经验能为读者接下来学习 Go语言提供一个好的思路和方向。

1.2　初识 Go 程序

第一个 Go 程序

```
hello.go
  1 package main
  2
  3 import "fmt"
  4
  5 func main() {
  6     fmt.Printf("Hello, world. 你好，世界! \n")
  7 }
```

程序功能解读

- 第 1 行定义一个包，包名为 main，main 是可执行程序的包名，所有的 Go 源程序文件头部必须有一个包声明语句，Go 通过包来管理命名空间。

- 第 3 行 import 引用一个外部包 fmt，可以是标准库的包，也可以是第三方或自定义的包，fmt 是标准输入/输出包。
- 第 5 行使用 func 关键字声明定义一个函数，函数名为 main，main 代表 Go 程序入口函数。
- 第 6 行调用 fmt 包里面的 Printf 函数，函数实参是一个字符串字面量，在标准输出里面打印一句话 "Hello, world. 你好，世界！"，\n 是一个转义符，表示换行。

Go 源代码的特征解读

- 源程序以.go 为后缀。
- 源程序默认为 UTF-8 编码。
- 标识符区分大小写。
- 语句结尾的分号可以省略。
- 函数以 func 开头，函数体开头的 "{" 必须在函数头所在行尾部，不能单独起一行。
- 字符串字面量使用 """"（双引号）括起来。
- 调用包里面的方法通过点 "."访问符，比如示例中的 fmt.Printf。
- main 函数所在的包名必须是 main。

编译运行

Go 语言的编程环境的相关内容参考 8.1 节。

```
//编译
go build hello.go


//运行
./hello
Hello, world. 你好，世界!
```

本节从一个简单的 "hello,world" 程序出发，介绍 Go 语言源程序的基本结构和特征，使读者先对 Go 源程序有一个整体的印象，接下来会逐步对 Go 语言展开介绍。

1.3　Go 词法单元

在介绍 Go 语言具体语法之前，先介绍一下现代高级语言的源程序内部的几个概念：token、关键字、标识符、操作符、分隔符和字面量。这些概念在很多编程书籍里面只是一提而过，但是笔者认为这些基本的概念是通用的，不是某种编程语言特有的，这种语言层面通用的概念非常重要，这些概念能够帮助程序员更好地掌握语言的语法结构。笔者尝试使用通俗的语言对其逐个介绍。

1.3.1　token

token 是构成源程序的基本不可再分割的单元。编译器编译源程序的第一步就是将源程序分割为一个个独立的 token，这个过程就是词法分析。Go 语言的 token 可以分为关键字、标识符、操作符、分隔符和字面常量等，分类如图 1-1 所示。

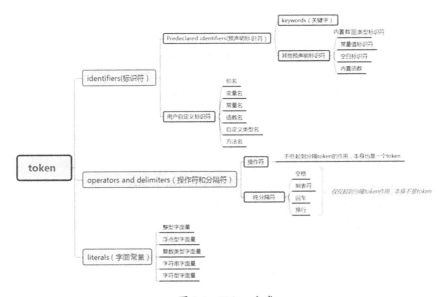

图 1-1　Token 分类

Go 语言里面的 token 是怎么分割的呢？Go 的 token 分隔符有两类：一类是操作符，还有一类自身没有特殊含义，仅用来分隔其他 token，被称为纯分隔符。

- 操作符：操作符就是一个天然的分隔符，同时其自身也是一个 token，语句如下所示。

```
sum:=a+b
```

"：="和"+"既是分隔符，也是 token，所以这个简单的语句被分割为 5 个 token："sum"、"：="、"a"、"+"、"b"，Go 语言操作符的相关详细内容会融合到后面各章中，这里读者有一个大体的印象即可。

- 纯分隔符：其本身不具备任何语法含义，只作为其他 token 的分割功能。包括空格、制表符、换行符和回车符，多个相邻的空格或者制表符会被编译器看作分隔符处理，比如如下语句：

```
package    main
```

这是一个包声明的语句，package 和 main 之间可以有任意多个空格或者制表符，Go 编译器会将其作为一个分隔符处理，最后分离出来两个 token：package 和 main。

分离 token 的分隔符已做了介绍，下面逐个介绍每一类 token，在介绍每一类 token 之前，先来介绍"标识符"。大部分的编程书籍对标识符一提而过，标识符被认为理所当然的存在，但是笔者不这么认为，标识符是源代码中重要的概念，本节将花些笔墨来介绍标识符。

1.3.2　标识符

编程语言的标识符用来标识变量、类型、常量等语法对象的符号名称，其在语法分析时作为一个 token 存在。编程语言的标识符总体上分为两类：一类是语言设计者预留的标识符，一类是编程者可以自定义的标识符。前者一般由语言设计者确定，包括语言的预声明标识符及用于后续语言扩展的保留字；后者是用户在编程过程中自行定义的变量名、常量名、函数名等一切符合语言规范的标识符。有一点需要注意，用户自定义的标识符不应该使用语言设计者的预留标识符，这可能导致歧义，并严重影响代码的可读性。

Go 的标识符构成规则是：开头一个字符必须是字母或下画线，后面跟任意多个字符、数字或下画线，并且区分大小写，Unicode 字符也可以作为标识符的构成，但是一般不推荐这么使用。我们在定义新的标识符时要避开 Go 语言预声明标识符，以免引起混乱。

```
9aa      //这不是一个合法标识符，不是以字母或下画线开头
-aa      //这不是一个合法标识符，不是以字母或下画线开头
aa       //这是一个合法标识符
_aa      //这是一个合法标识符
aa911    //这是一个合法标识符
_aa911   //这是一个合法标识符
```

Go 语言预声明的标识符包括关键字、内置数据类型标识符、常量值标识符、内置函数和空白标识符。在写 Go 源程序的过程中，用户自定义标识符用在包名、函数名、自定义类型名、变量名和常量名等上，后续的章节会详细介绍。

下面逐个介绍 Go 语言的预声明标识符。

关键字（keywords）

编程语言里面的关键字是指语言设计者保留的有特定语法含义的标识符，这些关键字有自

己独特的用途和语法含义,它们一般用来控制程序结构,每个关键字都代表不同语义的语法糖。Go 语言是一门极简的语言,只有如下 25 个关键字:

```
break        default        func        interface        select
case         defer          go          map               struct
chan         else           goto        package           switch
const        fallthrough    if          range             type
continue     for            import      return            var
```

这 25 个关键字按照功能又可以分为三个部分,具体如下。

- 引导程序整体结构的 8 个关键字

```
package      //定义包名的关键字
import       //导入包名关键字
const        //常量声明关键字
var          //变量声明关键字
func         //函数定义关键字
defer        //延迟执行关键字
go           //并发语法糖关键字
return       //函数返回关键字
```

- 声明复合数据结构的 4 个关键字

```
struct       //定义结构类型关键字
interface    //定义接口类型关键字
map          //声明或创建map类型关键字
chan         //声明或创建通道类型关键字
```

这 4 个关键字会在自定义数据类型里面介绍。

- 控制程序结构的 13 个关键字

```
if else                                         //if else语句关键字
for range break continue                        //for循环使用的关键字
switch select type case default fallthrough//switch和select语句使用的关键字
goto                                            //goto跳转语句关键字
```

这 13 个关键字会在 1.7 节控制结构中介绍。

关键字是一种预声明标识符,编程者不应该再声明和关键字相同的标识符。读者对 Go 关键字先有一个整体的印象,在学习完后续章节后,再来整体地看一下这些关键字,相信会有一种掌握全局的感觉。

内置数据类型标识符（20 个）

丰富的内置类型支持是高级语言的基本特性，基本类型也是构造用户自定义类型的基础。为了标识每种内置数据类型，Go 定义了一套预声明标识符，这些标识符用在变量或常量声明时。Go 语言内置了 20 个预声明数据类型标识符。

```
数值(16 个)
    整型(12 个)
            byte int int8 int16 int32 int64
            uint unint8 uint16 uint32 uint64 uintptr

    浮点型(2 个)
            float32 float64

    复数型(2 个)
            complex64 complex128

字符和字符串型(2 个)
    string rune

接口型(1 个)
    error

布尔型(1 个)
    bool
```

Go 是一种强类型静态编译型语言，在定义变量和常量时需要显式地指出数据类型，当然 Go 也支持自动类型推导，在声明初始化内置类型变量时，Go 可以自动地进行类型推导。但是在定义新类型或函数时，必须显式地带上类型标识符。读者先对 Go 内置的基本类型有一个整体了解即可，在后续章节中还会有详细的介绍。

内置函数（15 个）

```
make new len cap append copy delete panic recover close complex real image
print println
```

内置函数也是高级语言的一种语法糖，由于其是语言内置的，不需要用 import 引入，内置函数具有全局可见性。注意到其都是以小写字母开头的，但是并不影响其全局可用性。后续的章节会详细介绍每一个内置函数。

常量值标识符（4 个）

```
true false  //true 和 false 表示 bool 类型的两常量值：真和假
iota        //用在连续的枚举类型的声明中
nil         //指针/引用型的变量的默认值就是 nil
```

Go 的常量值标识符代表的是一个常量值，这个常量值表达特殊的含义，不好使用常量字面量直接表述时，就使用一个预先声明的标识符代替。

空白标识符(1 个)

—

空白标识符有特殊的含义，用来声明一个匿名的变量，该变量在赋值表达式的左端，空白标识符引用通常被用作占位，比如忽略函数多个返回值中的一个和强制编译器做类型检查（在接口章节中会有介绍）。

标识符小结

Go 语言共有 65 个预声明标识符，包括 25 个关键字（keywords）和 40 个其他预声明标识符。40 个其他预声明标识符包括 20 个内置数据类型标识符、4 个常量值标识符、1 个空白标识符、15 个内置函数，如图 1-2 所示。

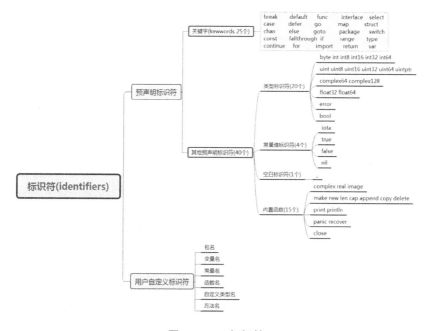

图 1-2　Go 标识符

1.3.3　操作符（operators）和分隔符（delimiters）

操作符就是语言所使用的符号集合，包括运算符、显式的分隔符，以及其他语法辅助符号。操作符不但自身是一个 token，具备语法含义，同时其自身也是分隔其他 token 的分隔符。另外还有一类分隔符本身没有什么含义，仅仅起到分隔 token 的功能，这里纯粹的分隔符有 4 个：空格、制表符、回车和换行。

Go 语言一共使用了 47 个操作符：

```
+     &     +=    &=    &&    ==    !=    (     )
-     |     -=    |=    ||    <     <=    [     ]
*     ^     *=    ^=    <-    >     >=    {     }
/     <<    /=    <<=   ++    =     :=    ,     ;
%     >>    %=    >>=   --    !     ...   .     :
      &^          &^=
```

分隔符可以细分为如下几类。

- 算术运算符（5 个）

算术计算顺序是按照优先级从左到右进行的，当然也可以使用括号来改变操作数的结合顺序。

```
+ - * / %
```

- 位运算符（6 个）

位运算符用于整数的位运算操作。

```
& | ^ &^ >> <<
```

- 赋值和赋值复核运算符（13 个）

```
:= = += -= *= /= %= &= |= ^= &^= >>= <<=
```

- 比较运算符（6 个）

```
> >= < <= == !=
```

- 括号(6 个)

```
( ) { } [ ]
```

- 逻辑运算符（3 个）

```
&& || !
```

- 自增自减操作符（2 个）

```
++ --
```

> **注意**：Go 语言里面自增、自减操作符是语句而不是表达式。

- 其他运算符（6 个）

```
: , ; . ... <-
```

1.3.4　字面常量

编程语言源程序中表示固定值的符号叫作字面常量，简称字面量。一般使用裸字符序列来表示不同类型的值。字面量可以被编程语言编译器直接转换为某个类型的值。Go 的字面量可以出现在两个地方：一是用于常量和变量的初始化，二是用在表达式里或作为函数调用实参。变量初始化语句中如果没有显式地指定变量类型，则 Go 编译器会结合字面量的值自动进行类型推断。Go 中的字面量只能表达基本类型的值，Go 不支持用户定义的字面量。

字面量有如下几类。

- 整型字面量（Integer literals）

整型字面量使用特定字符序列来表示具体的整型数值（具体的字符序列构成规则见官方的 Go 语言规范），常用于整型变量或常量的初始化。示例如下：

```
42
0600
0xBadFace
170141183460469231731687303715884105727
```

- 浮点型字面量（Floating-point literals）

浮点型字面量使用特定字符序列来表示一个浮点数值（具体的字符序列构成规则见 Go 语言规范）。它支持两种格式：一种是标准的数学记录法，比如 0.1；另一种是科学计数法的表示，比如 1E6。示例如下：

```
0.
72.40
072.40  // == 72.40
```

```
2.71828
1.e+0
6.67428e-11
1E6
.25
.12345E+5
```

- 复数类型字面量（Imaginary literals）

复数类型字面量使用特定的字符序列来表示复数类型的常量值（具体的字符序列构成规则见 Go 语言规范）。示例如下：

```
0i
011i  // == 11i
0.i
2.71828i
1.e+0i
6.67428e-11i
1E6i
.25i
.12345E+5i
```

- 字符型字面量（Rune literals）

Go 的源码采用的是 UTF-8 的编码方式，UTF-8 的字符占用的字节数可以有 1~4 个字节，Rune 字符常量也有多种表现形式，但是使用 "'"（单引号）将其括住。示例如下：

```
'a'
'ä'
'本'
'\t'
'\000'
'\007'
'\377'
'\x07'
'\xff'
'\u12e4'
'\U00101234'
```

- 字符串字面量（String literals）

字符串字面量的基本表现形式就是使用 """" 将字符序列包括在内，双引号里面可以是

UTF-8 的字符字面量，也可以是其编码值。

```
"\n"
"\""                     // same as `"`
"Hello, world!\n"
"中国人"
```

1.3.5　总结

本节对 Go 语言的所有类型的 token（关键字、标识符、操作符、分隔符、常量、字面量）和分隔符梳理了一遍。这些 token 帮助读者对 Go 源程序的构成有了一个全面的认识。同时，细心的读者应该能够发现，不同类型的 token 的命名不会冲突。换句话说，一个 token 不会出现既被识别为"标识符"，又被识别为"字面量"的歧义，这也是语言设计者必须保证的，保证每个 token 被无歧义地识别。了解整个 token 的知识，阅读源码也很容易，依据不同类型的 token 构成规则识别 token 的类型，现在再来看一下 hello.go 的源程序，从 token 的构成的角度分析源程序。

```
1 package main
2
3 import "fmt"
4
5 func main() {
6     fmt.Printf("Hello, world. 你好，世界! \n")
7 }
```

根据前面讲述的分隔符和标识符的概念，很容易将源代码拆分为如下的 token。

- 关键字

```
package import  func
```

- 标识符

```
main fmt Printf
```

- 字面量

"fmt" "Hello, world. 你好，世界! \n" 两个

- 操作符：

( ) { } .

> **注意**：本书不是介绍编译原理的书籍，却花很大一段篇幅介绍 token 的概念，原因是 token 的概念在实际写程序的过程中很有用，它能够帮程序员从一个通用、抽象的角度看待高级编程语言源代码，这些知识不单单在学习 Go 语言时有用，在学习其他高级语言时一样有用。

现在总结 Go 的源程序基本构成：

（1）关键字引导程序的基本结构。

（2）内置类型标识符辅助声明变量和常量。

（3）字面量辅助变量和常量的初始化。

（4）分隔符帮助 Go 编译器识别各个 token。

（5）操作符和变量、关键字一起构成丰富的语法单元。

通过对上面概念的学习，把 Go 源程序的每个 token 梳理了一遍，读者对 Go 源程序的基本结构也有了了解，在写程序时，一个基本的 Go 源程序框架就浮现出来了：

```
package  xxxx

import (
        "xxxx"
        "xxxx"
)

func xxx(){

}
```

随着后续章节的介绍，这个源程序的框架会逐步完善，从程序整体框架到具体语法知识的学习模式，可以帮助学习者建立整体和局部的概念，避免学习过程中"只见树木，不见森林"。

1.4　变量和常量

高级语言通过一个标识符来绑定一块特定的内存，后续对特定的内存的操作都可以使用该标识符来代替。这类绑定某个存储单元的标识符又可以分为两类，一类称之为"变量"，一类称之为"常量"。顾名思义，变量表示指向的内存可以被修改，常量表示指向的内存不能被修改。

把对地址的操作和引用变为对变量的操作是编程领域的巨大进步。它一方面简化了程序的编写，记住标识符比记住某个地址更容易，另一方面极大地提升了程序的可读性。

1.4.1 变量

变量：使用一个名称来绑定一块内存地址，该内存地址中存放的数据类型由定义变量时指定的类型决定，该内存地址里面存放的内容可以改变。

Go 的基本类型变量声明有两种（复核类型变量的初始化比较特殊，后续章节会详细介绍）。

1. 显式的完整声明

```
var varName dataType [ = value]
```

说明

- 关键字 var 用于变量声明。
- varName 是变量名标识符。
- dataType 是 1.3 节介绍的基本类型。
- value 是变量的初始值，初始值可以是字面量，也可以是其他变量名，还可以是一个表达式；如果不指定初始值，则 Go 默认将该变量初始化为类型的零值。
- Go 的变量声明后就会立即为其分配空间。

```
var a int = 1
var a int = 2*3
var a int =b
```

2. 短类型声明

```
varName := value
```

- :=声明只能出现在函数内（包括在方法内）。
- 此时 Go 编译器自动进行数据类型推断。

Go 支持多个类型变量同时声明并赋值。例如：

```
a, b := 1, "hello"
```

变量具有如下几个属性。

- 变量名

Go 中使用 1.3 节介绍的自定义标识符来声明一个变量，在 1.3 节中讲解了标识符的相关观念和命名规则。

- 变量值

变量实际指向的是地址里存放的值，变量的值具体怎么解析是由变量的类型来决定的。在初始化变量值时，我们可以使用字面量，也可以使用其他的变量名。

- 变量存储和生存期

Go 语言提供自动内存管理，通常程序员不需要特别关注变量的生存期和存放位置。编译器使用栈逃逸技术能够自动为变量分配空间：可能在栈上，也可能在堆上。

- 类型信息

类型决定了该变量存储的值怎么解析，以及支持哪些操作和运算，不同类型的变量支持的操作和运算集是不一样的。

- 可见性和作用域

Go 内部使用统一的命名空间对变量进行管理，每个变量都有一个唯一的名字，包名是这个名字的前缀。8.2 节对命名空间和作用域有详细的介绍。

1.4.2　常量

常量使用一个名称来绑定一块内存地址，该内存地址中存放的数据类型由定义常量时指定的类型决定，而且该内存地址里面存放的内容不可以改变。Go 中常量分为布尔型、字符串型和数值型常量。常量存储在程序的只读段里（.rodata section）。

预声明标识符 iota 用在常量声明中，其初始值为 0。一组多个常量同时声明时其值逐行增加，iota 可以看作自增的枚举变量，专门用来初始化常量。

```
//类似枚举的iota

const (
    c0 = iota   // c0 == 0
    c1 = iota   // c1 == 1
    c2 = iota   // c2 == 2
)

//简写模式
const (
    c0 = iota   // c0 == 0
    c1          // c1 == 1
```

```
    c2              // c2 == 2
)
```

//注意 iota 逐行增加
```
const (
    a = 1 << iota   // a == 1 (iota == 0)
    b = 1 << iota   // b == 2 (iota == 1)
    c = 3           // c == 3 (iota == 2, unused)
    d = 1 << iota   // d == 8 (iota == 3)
)
```

```
const (
    u         = iota * 42   // u == 0    (untyped integer constant)
    v float64 = iota * 42   // v == 42.0 (float64 constant)
    w         = iota * 42   // w == 84   (untyped integer constant)
)
```

//分开的 const 语句，iota 每次都从 0 开始

```
const x = iota     // x == 0
const y = iota     // y == 0
```

1.5 基本数据类型

Go 是一种强类型的静态编译语言，类型是高级语言的基础，有了类型，高级语言才能对不同类型抽象出不同的运算，编程者才能在更高的抽象层次上操纵数据，而不用关注具体存储和运算细节。

Go 语言内置七类基本数据类型（20 个具体子类型）。

布尔类型：bool

整型：byte int int8 int16 init32 int64 uint uint8 uint16 uint32 uint64 uintptr

浮点型：float32 float64

复数：complex64 complex128

字符：rune

字符串：string

错误类型：error

1.5.1 布尔类型

布尔类型关键字是 bool，布尔类型只有两个值：true 和 fasle，true 和 false 是 Go 内置的两个预声明标识符。

```
var ok bool
ok = true
```

或

```
ok := false
```

布尔型数据和整型数据不能进行相互转换。

```
var a bool
a = 1  //error  1是整型字面量
```

比较表达式和逻辑表达式的结果都是布尔类型数据。

```
var b bool = (x > y) && (x >0)
```

if 和 for 语句的条件部分一定是布尔类型的值或表达式。

```
if  a <= b {
    print(b)
else {
    print(a)
}


for ;true; {   //等价于 C 语言的 while (1)


}
```

声明的布尔型变量如不指定初始化值，则默认为 false。

```
var b bool // b is false
```

1.5.2　整型

Go 语言内置了 12 种整数类型，分别是 byte、int、int8、int16、int32、int64、uint、uint8、uint16、uint32、uint64、uintptr。其中 byte 是 uint8 的别名，不同类型的整型必须进行强制类型转换。

```
var a int = 1
var b int32 = 2
b = a  // error
```

整型支持算术运算和位操作，算术表达式和位操作表达式的结果还是整型。

```
var a int = (1+2)*3
var b int = 1000>>2
```

1.5.3　浮点型

浮点型用于表示包含小数点的数据，Go 语言内置两种浮点数类型，分别是 float32 和 float64。浮点数有两个注意事项：

（1）浮点数字面量被自动类型推断为 float64 类型。

```
var b := 10.00
```

（2）计算机很难进行浮点数的精确表示和存储，因此两个浮点数之间不应该使用== 或 != 进行比较操作，高精度科学计算应该使用 math 标准库。

1.5.4　复数类型

Go 语言内置的复数类型有两种，分别是 complex64 和 complex128，复数在计算机里面使用两个浮点数表示，一个表示实部，一个表示虚部。complex64 是由两个 float32 构成的，complex128 是由两个 float64 构成的。复数的字面量表示和数学表示法一样。

```
var value1 complex64 = 3.1 + 5i
value2 := 3.1 + 6i
```

Go 有三个内置函数处理复数。

```
var v= complex(2.1,3)      //构造一个复数
a := real(v)               //返回复数实部
b := image(v)              //返回复数虚部
```

1.5.5 字符串

Go 语言将字符串作为一种原生的基本数据类型，字符串的初始化可以使用字符串字面量。例如：

```
var a = "hello,world"
```

（1）字符串是常量，可以通过类似数组的索引访问其字节单元，但是不能修改某个字节的值。例如：

```
var a = "hello,world"
    b := a[0]
    a[1]='a' //error
```

（2）字符串转换为切片[]byte(s)要慎用，尤其是当数据量较大时（每转换一次都需复制内容）。例如：

```
a := "hello,world!"

b := []byte(a)
```

（3）字符串尾部不包含 NULL 字符，这一点和 C/C++不一样。

（4）字符串类型底层实现是一个二元的数据结构，一个是指针指向字节数组的起点，另一个是长度。例如：

```
// runtime/string.go

209 type stringStruct struct {
210     str unsafe.Pointer          //指向底层字节数组的指针
211     len int                     //字节数组长度
212 }
```

（5）基于字符串创建的切片和原字符串指向相同的底层字符数组，一样不能修改，对字符串的切片操作返回的子串仍然是 string，而非 slice。例如：

```
a := "hello,world!"
```

```
b :=a[0:4]
c :=a[1:]
d :=a[:4]
```

（6）字符串和切片的转换：字符串可以转换为字节数组，也可以转换为 Unicode 的字数组。例如：

```
a := "hello,世界!"
b :=[]byte(a)
c :=[]rune(a)
```

（7）字符串的运算。例如：

```
a := "hello"
b := "world"

c := a + b      //字符串的拼接
len(a)          //内置的 len 函数获取字符串长度

d := "hello, 世界! "

for i := 0; i < len(d); i++ {  //遍历字节数组
    fmt.Println(d[i])
}

for i, v := range d{            //遍历 rune 数组
    fmt.Println(i,v)
}
```

1.5.6　rune 类型

Go 内置两种字符类型：一种是 byte 的字节类类型（byte 是 uint 的别名），另一种是表示 Unicode 编码的字符 rune。rune 在 Go 内部是 int32 类型的别名，占用 4 个字节。Go 语言默认的字符编码就是 UTF-8 类型的，如果需要特殊的编码转换，则使用 Unicode/UTF-8 标准包。

1.6　复合数据类型

顾名思义，复合数据类型就是由其他类型组合而成的类型。Go 语言基本的复合数据类型有

指针、数组、切片、字典（map）、通道、结构和接口，它们的字面量格式如下：

```
* pointerType          // 指针类型使用*后面跟其指向的类型名
[n] elementType        // 数组类型使用[n]后面跟数组元素类型来表示，n 表示该数组的长度
[] elementType             //切片类型使用[]后面跟切片元素类型来表示
map [keyType]valueType  //map 类型使用 map[键类型]值类型来表示
chan valueType             //通道使用 chan 后面跟通道元素类型来表示

struct {                   //结构类型使用 struct{}将各个结构字段扩起来表示
    fieldName fieldType
    fieldName fieldType
        ...
}

interface { //接口类型使用 interface{}将各个方法括起来表示
    method1(inputParams)(returnParams)
    method2(inputParams)(returnParams)
    ...
}
```

本节讨论的复合类型属于字面量类型，有关字面量类型的相关知识在第 3 章类型系统中会详细介绍。

1.6.1　指针

Go 语言支持指针，指针的声明类型为*T，Go 同样支持多级指针**T 。通过在变量名前加&来获取变量的地址。指针的特点如下。

（1）在赋值语句中，*T 出现在"="左边表示指针声明，*T 出现在"="右边表示取指针指向的值（varName 为变量名）。示例如下：

```
var a = 11
p := &a  // *p 和 a 的值都是 11
```

（2）结构体指针访问结构体字段仍然使用"."点操作符，Go 语言没有"->"操作符。例如：

```
type User struct {
    name string
```

```
    age  int
}
andes := User{
    name: "andes",
    age:  18,
}
p := &andes

fmt.Println(p.name) //p.name 通过 "." 操作符访问成员变量
```

（3）Go 不支持指针的运算。

Go 由于支持垃圾回收，如果支持指针运算，则会给垃圾回收的实现带来很多不便，在 C 和 C++ 里面指针运算很容易出现问题，因此 Go 直接在语言层面禁止指针运算。例如

```
a := 1234
p := &a
p++ //不允许,报 non-numeric type *int 错误
```

（4）函数中允许返回局部变量的地址。

Go 编译器使用"栈逃逸"机制将这种局部变量的空间分配在堆上。例如：

```
func sum (a ,b int) *int {
sum := a+b
return &sum   //允许, sum 会分配在 heap 上
}
```

1.6.2　数组

数组的类型名是 [n]elemetType，其中 n 是数组长度，elementType 是数组元素类型。比如一个包含 2 个 int 类型元素的数组类型可表示为[2]int。数组一般在创建时通过字面量初始化，单独声明一个数组类型变量而不进行初始化是没有意义的。

```
var arr [2]int  // 声明一个有两个整型的数组, 但元素默认值都是 0, 一般很少这样使用
array := [...]float64{7.0, 8.5, 9.1}// [...]后面跟字面量初始化列表
```

数组初始化

```
a := [3]int{1, 2, 3} //指定长度和初始化字面量
```

```
a := [...]int{1, 2, 3}//不指定长度, 但是由后面的初始化列表数量来确定其长度
```

```
a := [3]int{1:1, 2:3} //指定总长度，并通过索引值进行初始化，没有初始化元素时使用类
                      //型默认值
```

```
a :=[...]int{1:1, 2:3} //不指定总长度，通过索引值进行初始化，数组长度由最后一个索引
                      //值确定，没有指定索引的元素被初始化为类型的零值
```

数组的特点

（1）数组创建完长度就固定了，不可以再追加元素。

（2）数组是值类型的，数组赋值或作为函数参数都是值拷贝。

（3）数组长度是数组类型的组成部分，[10]int 和[20]int 表示不同的类型。

（4）可以根据数组创建切片（见 1.6.3 节切片）。

数组相关操作

（1）数组元素访问。示例如下：

```
a :=[...]int{1, 2, 3}
b := a[0]
for i,v := range a {

}
```

（2）数组长度。示例如下：

```
a :=[...]int{1, 2, 3}
alengh := len(a)

for i:=0; i<alengh; i++ {

}
```

1.6.3 切片

Go 语言的数组的定长性和值拷贝限制了其使用场景，Go 提供了另一种数据类型 slice（中文为切片），这是一种变长数组，其数据结构中有指向数组的指针，所以是一种引用类型。例如：

```
// src/runtime/slice.go (go.19.1)

11 type slice struct {
```

```
12    array unsafe.Pointer
13    len   int
14    cap   int
15 }
```

Go 为切片维护三个元素——指向底层数组的指针、切片的元素数量和底层数组的容量。具体结构如图 1-3 所示。

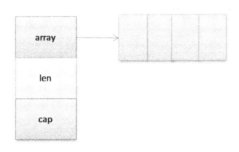

图 1-3　切片的结构

（1）切片的创建。

· 由数组创建

创建语法如下：array[b:e]，其中，array 表示数组名；b 表示开始索引，可以不指定，默认是 0；e 表示结束索引，可以不指定，默认是 len(array)。array[b:e]表示创建一个包含 e–b 个元素的切片，第一个元素是 array[b]，最后一个元素是 array[e-1]。例如：

```
var array = [...]int{0, 1, 2, 3, 4, 5, 6} //创建有 7 个 int 型元素的数组
s1 := array[0:4]
s2 := array[:4]
s3 := array[2:]
fmt.Printf("%v\n", s1) // [0 1 2 3]
fmt.Printf("%v\n", s2) // [0 1 2 3]
fmt.Printf("%v\n", s3) // [2 3 4 5 6]
```

· 通过内置函数 make 创建切片

注意：由 make 创建的切片各元素被默认初始化为切片元素类型的零值。例如：

```
//len=10,cap=10
a := make([]int, 10)

//len=10,cap=15
b := make([]int, 10, 15)
```

```
fmt.Printf("%v\n", a) //结果为 [0 0 0 0 0 0 0 0 0 0]
fmt.Printf("%v\n", b) //结果为 [0 0 0 0 0 0 0 0 0 0]
```

这里要注意：直接声明切片类型变量是没有意义的。例如：

```
var a []int
fmt.Printf("%v\n", a) // 结果为 []
```

此时切片 a 的底层的数据结构如图 1-4 所示。

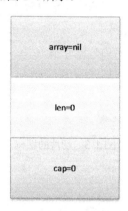

图 1-4　切片 a 的底层的数据结构

（2）切片支持的操作。

- 内置函数 len()返回切片长度。
- 内置函数 cap()返回切片底层数组容量。
- 内置函数 append()对切片追加元素。
- 内置函数 copy()用于复制一个切片。

示例如下：

```
a := [...]int{0, 1, 2, 3, 4, 5, 6}
b := make([]int, 2, 4)
c := a[0:3]

fmt.Println(len(b)) //2
fmt.Println(cap(b)) //4
b = append(b, 1)
fmt.Println(b)       //[0 0 1]
fmt.Println(len(b)) //3
```

```
fmt.Println(cap(b)) //4

b = append(b, c...)
fmt.Println(b)        //[0 0 1 0 1 2]
fmt.Println(len(b)) //6
fmt.Println(cap(b)) //cap(b)=8，底层数组发生扩展

d := make([]int, 2, 2)
copy(d, c)            //copy 只会复制 d 和 c 中长度最小的
fmt.Println(d)        //[0 1]
fmt.Println(len(d))   //2
fmt.Println(cap(d))   //2
```

（3）字符串和切片的相关转换。例如：

```
str := "hello,世界!"    //通过字符串字面量初始化一个字符串 str
a := []byte(str)        //将字符串转换为[]byte 类型切片
b := []rune(str)        //将字符串转换为[]rune 类型切片
```

1.6.4　map

Go 语言内置的字典类型叫 map。map 的类型格式是：map[K]T，其中 K 可以是任意可以进行比较的类型，T 是值类型。map 也是一种引用类型。

（1）map 的创建。

- 使用字面量创建。例如：

```
ma := map[string]int{"a": 1, "b": 2}
fmt.Println(ma["a"])
fmt.Println(ma["b"])
```

- 使用内置的 make 函数创建。例如：

```
make(map[K]T )  //map 的容量使用默认值
make(map[K]T, len) //map 的容量使用给定的 len 值

mp1 := make(map[int]string)
mp2 := make(map[int]string, 10)
mp1[1] = "tom"
```

```
mp2[1] = "pony"
fmt.Println(mp1[1]) //tom
fmt.Println(mp2[1]) //pony
```

（2）map 支持的操作。

- map 的单个键值访问格式为 mapName[key]，更新某个 key 的值时 mapName[key]放到等号左边，访问某个 key 的值时 mapName[key]放在等号的右边。
- 可以使用 range 遍历一个 map 类型变量，但是不保证每次迭代元素的顺序。
- 删除 map 中的某个键值，使用如下语法：delete(mapName,key)。delete 是内置函数，用来删除 map 中的某个键值对。
- 可以使用内置的 len()函数返回 map 中的键值对数量。例如：

```
mp := make(map[int]string)
mp[1] = "tom"
mp[1] = "pony"
mp[2] = "jaky"
mp[3] = "andes"
delete(mp, 3)

fmt.Println(mp[1])
fmt.Println(len(mp))//len 函数返回 map 中的键值对的数量

for k, v := range mp { //range 支持遍历 mp，但不保证每次遍历次序是一样的
    fmt.Println("key=", k, "value=", v)
}
```

注意

- Go 内置的 map 不是并发安全的，并发安全的 map 可以使用标准包 sync 中的 map。
- 不要直接修改 map value 内某个元素的值，如果想修改 map 的某个键值，则必须整体赋值。例如：

```
type User struct {
    name string
    age  int
}
ma := make(map[int]User)
andes := User{
```

```
        name: "andes",
        age: 18,
    }

    ma[1] = andes
    //ma[1].age = 19 //ERROR，不能通过 map 引用直接修改
    andes.age = 19

    ma[1] = andes //必须整体替换 value
    fmt.Printf("%v\n", ma)
```

1.6.5　struct

Go 中的 struct 类型和 C 类似，中文翻译为结构，由多个不同类型元素组合而成。这里面有两层含义：第一，struct 结构中的类型可以是任意类型；第二，struct 的存储空间是连续的，其字段按照声明时的顺序存放（注意字段之间有对齐要求）。

struct 有两种形式：一种是 struct 类型字面量，另一种是使用 type 声明的自定义 struct 类型。

（1）struct 类型字面量。

struct 类型字面量的声明格式如下：

```
    struct {
        FieldName   FieldType
        FieldName   FieldType
        FieldName   FieldType
    }
```

（2）自定义 struct 类型。

自定义 struct 类型声明格式如下：

```
type TypeName struct {
        FieldName   FieldType
        FieldName   FieldType
        FieldName   FieldType
    }
```

实际使用 struct 字面量的场景不多，更多的时候是通过 type 自定义一个新的类型来实现的。type 是自定义类型的关键字，不但支持 struct 类型的创建，还支持任意其他子定义类型的创建。

在第 3 章类型系统中会有详细的介绍。

（3）struct 类型变量的初始化。示例如下：

```
type Person struct {
        Name string
        Age int
}

type Student struct {
        *Person
        Number int
}

//按照类型声明顺序，逐个赋值
//不推荐这种初始化方式，一旦 struct 增加字段，则整个初始化语句会报错
a := Person{"Tom", 21}

//推荐这种使用 field 名字的初始化方式，没有指定的字段则默认初始化为类型的零值
p := &Person{
        Name: "tata",
        Age: 12,
}

s := Student {
        Person: p,
        Number: 110,
}
```

本节只简单介绍结构的基本概念和初始化方式，关于自定义数据类型及其方法在第 3 章类型系统中有详细介绍。

其他复合类型

接口（Interface）在第 4 章中介绍，通道（chan）在第 5 章中介绍。

1.7 控制结构

现代计算机存储结构无论"普林斯顿结构"，还是"哈佛结构"，程序指令都是线性地存放在存储器上。程序执行从本质上来说就是两种模式：**顺序和跳转**。

- 顺序就是按照程序指令在存储器上的存放顺序逐条执行。

- 跳转就是遇到跳转指令就跳转到某处继续线性执行。

Go 是一门高级语言，其源程序虽然经过了高度的抽象并封装了很多语法糖，但还是跳不出这个模式（这里暂时不考虑 goroutine 引入并发后的执行视图变化）。

顺序在 Go 里面体现在从 main 函数开始逐条向下执行，就像我们的程序源代码顺序一样；跳转在 Go 里面体现为多个语法糖，包括 goto 语句和函数调用、分支（if、switch、select）、循环（for）等。跳转分为两种：一种是无条件跳转，比如函数调用和 goto 语句；一种是有条件的跳转，比如分支和循环。

顺序语句很简单，就是我们天然写程序的从前往后的顺序，本节主要介绍 Go 语言的控制结构。

备注：

Go 的源代码的顺序并不一定是编译后最终可执行程序的指令顺序，这里面涉及语言的运行时和包的加载过程。上面论述的主要目的是使读者从宏观上整体理解程序的执行过程，建立一个从源代码到执行体的大体映射概念，这个概念不那么精准，但对我们理解源程序到目标程序的构建非常有帮助。

1.7.1 if 语句

特点

- if 后面的条件判断子句不需要用小括号括起来。

- { 必须放在行尾，和 if 或 if else 放在一行。

- if 后面可以带一个简单的初始化语句，并以分号分割，该简单语句声明的变量的作用域是整个 if 语句块，包括后面的 else if 和 else 分支。

- Go 语言没有条件运算符（a>b?a:b），这也符合 Go 的设计哲学，只提供一种方法做事情。

- if 分支语句遇到 return 后直接返回。

简单示例

```
if x <= y {
    return y
} else {
    return x
```

```
}
```

一个完整的 if else 语句示例：

```
if x := f(); x < y { //初始化语句中的声明变量 x
    return x
} else if x > z { //x在else if里面一样可以被访问
    return z
} else {
    return y
}
```

最佳实践

- 尽量减少条件语句的复杂度，如果条件语句太多、太复杂，则建议放到函数里面封装起来。
- 尽量减少 if 语句的嵌套层次，通过重构让代码变得扁平，便于阅读。

下面这段代码：

```
if err,file := os.Open("xxxx");err == nil {
    defer file.Close()
  //do something
} else {
    return nil, err
}
```

改写后的代码：

```
err,file := os.Open("xxxx")
if err != nil {
        return nil, err
}
defer file.Close()
//do something
```

1.7.2 switch 语句

switch 语句会根据传入的参数检测并执行符合条件的分支。

switch 的语法特点如下：

- switch 和 if 语句一样，switch 后面可以带一个可选的简单的初始化语句。

- switch 后面的表达式也是可选的，如果没有表达式，则 case 子句是一个布尔表达式，而不是一个值，此时就相当于多重 if else 语句。

- switch 条件表达式的值不像 C 语言那样必须限制为整数，可以是任意支持相等比较运算的类型变量。

- 通过 fallthough 语句来强制执行下一个 case 子句（不再判断下一个 case 子句的条件是否满足）。

- switch 支持 default 语句，当所有的 case 分支都不符合时，执行 default 语句，并且 default 语句可以放到任意位置，并不影响 switch 的判断逻辑。

- switch 和.(type)结合可以进行类型的查询，这个放到 4.2 节介绍。

```go
switch i := "y"; i { //switch 后面可以带上一个初始化语句
case "y", "Y": //多个 case 值使用逗号分隔
        fmt.Println("yes") //yes
        fallthrough        //fallthrough 会跳过接下来的 case 条件表达式
                           //直接执行下一个 case 语句
case "n", "N":
        fmt.Println("no") //no
}


score := 85
grade := ' '
if score >= 90 {
        grade = 'A'
} else if score >= 80 {
        grade = 'B'
} else if score >= 70 {
        grade = 'C'
} else if score >= 60 {
        grade = 'D'
} else {
        grade = 'F'
}

//上面的 if else 可以改写为下面的 switch 语句
switch {
```

```
    case score >= 90:
            grade = 'A'
    case score >= 80:
            grade = 'B'
    case score >= 70:
            grade = 'C'
    case score >= 60:
            grade = 'D'
    default:
            grade = 'F'
    }
    fmt.Printf("grade=%c\n", grade) //grade=B
```

select 是一种类似 switch 语法结构的分支语句，select 放到第 5.1 节介绍。

1.7.3　for 语句

Go 语言仅支持一种循环语句，即 for 语句，同样遵循 Go 的设计哲学，只提供一种方法做事情，把事情做好。

Go 对应 C 循环的三种场景如下。

- 类似 C 里面的 for 循环语句

```
for init; condition; post { }
```

- 类似 C 里面的 while 循环语句

```
for condition { }
```

- 类似 C 里面的 while (1)死循环语句

```
for { }
```

for 还有一种用法，是对数组、切片、字符串、map 和通道的访问，语法格式如下：

```
//访问 map
for key, value := range map {}
for key := range map {}

//访问数组
for index, value := range arry{}
```

```
for index := range arry{}
for _, value := range arry{}

//访问切片
for index, value := range slice{}
for index := range slice{}
for _, value := range slice{}

//访问通道
for value := range channel{}
```

1.7.4 标签和跳转

标签

Go 语言使用标签（Lable）来标识一个语句的位置，用于 goto、break、continue 语句的跳转，标签的语法是：

```
Lable: Statement
```

标签的具体作用和使用见下面的 goto、break、continue。

goto

goto 语句用于函数的内部的跳转，需要配合标签一起使用，具体的格式如下：

```
goto Lable
```

goto Lable 的语义是跳转到标签名后的语句处执行，goto 语句有以下几个特点：

- goto 语句只能在函数内跳转。
- goto 语句不能跳过内部变量声明语句,这些变量在 goto 语句的标签语句处又是可见的。
  例如：

  ```
  goto L  //BAD, 跳过 v:=3 这条语句是不允许的
  v := 3
  L:
  ```

- goto 语句只能跳到同级作用域或者上层作用域内，不能跳到内部作用域内。例如：

```
if n%2 == 1 {
    goto L1
```

```
}
for n > 0 {
    f()
    n--
L1:
    f()
    n--
}
```

break

break 用于函数内跳出 for、switch、select 语句的执行，有两种使用格式：

- 单独使用，用于跳出 break 当前所在的 for、switch、select 语句的执行。

- 和标签一起使用，用于跳出标签所标识的 for、switch、select 语句的执行，可用于跳出多重循环，但标签和 break 必须在同一个函数内。例如：

```
L1:
    for i := 0; ; i++ {
        for j := 0; ; j++ {
            if i >= 5 {
                //跳出 L1 标签所在的 for 循环
                break L1
            }
            if j > 10 {
                //默认仅跳出离 break 最近的内层循环
                break
            }
        }
    }
```

continue

continue 用于跳出 for 循环的本次迭代，跳到 for 循环的下一次迭代的 post 语句处执行，也有两种使用格式：

- 单独使用，用于跳出 continue 当前所在的 for 循环的本次迭代。

- 和标签一起使用，用于跳出标签所标识的 for 语句的本次迭代，但标签和 continue 必须在同一个函数内。例如：

```
L1:
    for i := 0; ; i++ {
        for j := 0; ; j++ {
            if i >= 5 {
                //跳到 L1 标签所在的 for 循环 i++处执行
                continue L1
                //the following is not executed
            }
            if j > 10 {
                //默认仅跳到离 break 最近的内层循环 j++处执行
                continue
            }
        }
    }
```

return 和函数调用

return 语句也能引发控制流程的跳转，用于函数和方法的退出。函数和方法的调用也能引发程序控制流的跳转，这些在后续章节中会详细介绍。

第 2 章
函数

几乎所有的高级语言都支持函数或类似函数的编程结构。为什么函数如此普遍和重要？第一个原因是现代计算机进程执行模型大部分是基于"栈堆"的，而编译器不需要对函数做过多的转换就能让其在栈上运行（只需要处理好参数和返回值的传递即可）；另一方面函数对代码的抽象程度适中，就像胶水，很容易将编程语言的不同层级的抽象体"黏结"起来；同时近几年函数式语言因其数值不变性在高并发的场景备受青睐，新的语言（Go、Swift）在设计时就将函数作为"第一公民"。

函数是程序执行的一个基本语法结构，Go 语言的很多特性是基于函数这个基础实现的，比如第 3 章介绍的命名类型的方法本质上是一个函数，类型方法是 Go 面向对象的实现基础；第 4 章介绍的接口，其底层同样是通过指针和函数将接口和接口实例连接起来的。甚至 Go 并发语法糖 go 后面跟的也是函数。可见函数在 Go 中就是中流砥柱，既能起到"胶水"的作用，也为其他语言特性起到底层支撑的作用。

Go 不是一门纯函数式的编程语言，但是函数在 Go 中是"第一公民"，表现在：

- 函数是一种类型，函数类型变量可以像其他类型变量一样使用，可以作为其他函数的参数或返回值，也可以直接调用执行。

- 函数支持多值返回。

- 支持闭包。

- 函数支持可变参数。

Go 是通过编译成本地代码且基于"堆栈"式执行的，Go 的错误处理和函数也有千丝万缕的联系，2.6 节会介绍 Go 独特的异常和错误处理。

2.1 基本概念

2.1.1 函数定义

函数是 Go 程序源代码的基本构造单位，一个函数的定义包括如下几个部分：函数声明关键字 func、函数名、参数列表、返回列表和函数体。函数名遵循标识符的命名规则，首字母的大小写决定该函数在其他包的可见性：大写时其他包可见，小写时只有相同的包可以访问；函数的参数和返回值需要使用"()"包裹，如果只有一个返回值，而且使用的是非命名的参数，则返回参数的"()"可以省略。函数体使用"{}"包裹，并且"{"必须位于函数返回值同行的行尾。

```
func funcName(param-list)(result-list){
        function-body
}
```

函数的特点

（1）函数可以没有输入参数，也可以没有返回值（默认返回 0）。例如：

```
func A(){
//do something
    ...
}
func A()int{
//do something
    ...
    return 1
}
```

（2）多个相邻的相同类型的参数可以使用简写模式。例如：

```
func add(a, b int) int { // a int,b int 简写为 a,b int
    return a + b
}
```

（3）支持有名的返回值，参数名就相当于函数体内最外层的局部变量，命名返回值变量会被初始化为类型零值，最后的 return 可以不带参数名直接返回。

```
//sum 相当于函数内的局部变量，被初始化为零
func add(a, b int) (sum int) {
    sum = a + b
    return  //return sum 的简写模式
    //sum := a + b //如果是 sum := a + b，则相当于新声明一个 sum 变量命名返回变
                   //量 sum 覆盖
    //return sum   //最后需要显式地调用 return sum
}
```

（4）不支持默认值参数。

（5）不支持函数重载。

（6）不支持函数嵌套，严格地说是不支持命名函数的嵌套定义，但支持嵌套匿名函数（2.2节专门介绍匿名函数）。例如：

```
func add(a, b int) (sum int) {
    anonymous := func(x, y int) int {
        return x + y
    }
    return anonymous(a, b)
}
```

2.1.2　多值返回

Go 函数支持多值返回，定义多值返回的返回参数列表时要使用 "()" 包裹，支持命名参数的返回。

```
func swap(a, b int) (int,int) {
    return b, a
}
```

习惯用法：

如果多值返回值有错误类型，则一般将错误类型作为最后一个返回值。

有关多值返回的内部实现原理参见 2.7 节。

2.1.3　实参到形参的传递

Go 函数实参到形参的传递永远是值拷贝，有时函数调用后实参指向的值发生了变化，那是因为参数传递的是指针值的拷贝，实参是一个指针变量，传递给形参的是这个指针变量的副本，二者指向同一地址，本质上参数传递仍然是值拷贝。例如：

```go
package main

import (
    "fmt"
)

func chvalue(a int) int {
    a = a + 1
    return a
}

func chpointer(a *int) {
    *a = *a + 1
    return
}

func main() {
    a := 10
    chvalue(a)        //实参传递给形参是值拷贝
    fmt.Println(a)

    chpointer(&a)  //实参传递给形参仍然是值拷贝，只不过复制的是 a 的地址值
    fmt.Println(a)

}
```

2.1.4　不定参数

Go 函数支持不定数目的形式参数，不定参数声明使用 param ...type 的语法格式。

函数的不定参数有如下几个特点：

（1）所有的不定参数类型必须是相同的。

（2）不定参数必须是函数的最后一个参数。

（3）不定参数名在函数体内相当于切片,对切片的操作同样适合对不定参数的操作。例如:

```go
func sum(arr ...int) (sum int) {
    for _, v := range arr {  //此时 arr 就相当于切片，可以使用 range 访问
        sum += v
    }
    return
}
```

（4）切片可以作为参数传递给不定参数，切片名后要加上 "..."。例如:

```go
func sum(arr ...int) (sum int) {
    for _, v := range arr {
        sum += v
    }
    return
}


func main(){
    slice := []int{1, 2, 3, 4}
    array := [...]int{1, 2, 3, 4}

    //数组不可以作为实参传递给不定参数的函数

    sum(slice...)
}
```

（5）形参为不定参数的函数和形参为切片的函数类型不相同。例如:

```go
func suma(arr ...int) (sum int) {
    for v := range arr {
        sum += v
    }
    return
}

func sumb(arr []int) (sum int) {
```

```
    for v := range arr {
        sum += v
    }
    return
}


//suma 和 sumb 的类型并不一样
fmt.Printf("%T\n", suma) // func(...int) int
fmt.Printf("%T\n", sumb) // func([]int) int
```

2.2　函数签名和匿名函数

2.2.1　函数签名

函数类型又叫函数签名，一个函数的类型就是函数定义首行去掉函数名、参数名和{，可以使用 fmt.Printf 的"%T"格式化参数打印函数的类型。

```
package main

import "fmt"

func add(a, b int) int {
    return a + b
}

func main() {
    fmt.Printf("%T\n", add) // func(int, int) int
}
```

两个函数类型相同的条件是：拥有相同的形参列表和返回值列表（列表元素的次序、个数和类型都相同），形参名可以不同。以下 2 个函数的函数类型完全一样。

```
func add(a,b int) int { return a+b }
func sub(x int,y int)(c int) { c=x-y ;return c}
```

可以使用 type 定义函数类型，函数类型变量可以作为函数的参数或返回值。在 3.5 节会专门介绍函数类型。

```
package main

import "fmt"

func add(a, b int) int {
    return a + b
}

func sub(a, b int) int {
    return a - b
}

type Op func(int, int) int  //定义一个函数类型，输入的是两个 int 类型，返回值是
                            //一个 int 类型

func do(f Op, a, b int) int {  //定义一个函数，第一个参数是函数类型 Op
    return f(a, b)     //函数类型变量可以直接用来进行函数调用
}

func main() {
    a := do(add, 1, 2) //函数名 add 可以当作相同函数类型形参，不需要强制类型转换
    fmt.Println(a)    // 3
    s := do(sub, 1, 2)
    fmt.Println(s)    // -1
}
```

　　函数类型和 map、slice、chan 一样，实际函数类型变量和函数名都可以当作指针变量，该指针指向函数代码的开始位置。通常说函数类型变量是一种引用类型，未初始化的函数类型的变量的默认值是 nil。

　　Go 中函数是"第一公民"（first class）。有名函数的函数名可以看作函数类型的常量，可以直接使用函数名调用函数，也可以直接赋值给函数类型变量，后续通过该变量来调用该函数。

```
package main

func sum(a, b int) int {
    return a + b
}
```

```
func main() {
    sum(3,4) //直接调用
    f := sum //有名函数可以直接赋值给变量
    f(1, 2)
}
```

2.2.2　匿名函数

Go 提供两种函数：有名函数和匿名函数。匿名函数可以看作函数字面量，所有直接使用函数类型变量的地方都可以由匿名函数代替。匿名函数可以直接赋值给函数变量，可以当作实参，也可以作为返回值，还可以直接被调用。

```
package main

import "fmt"

//匿名函数被直接赋值函数变量
var sum = func(a, b int) int {
    return a + b
}

func doinput(f func(int, int) int, a, b int) int {
    return f(a, b)
}

//匿名函数作为返回值
func wrap(op string) func(int, int) int {
    switch op {
    case "add":
        return func(a, b int) int {
            return a + b
        }
    case "sub":
        return func(a, b int) int {
            return a + b
        }
    default:
        return nil
```

```
    }
}

func main() {
//匿名函数直接被调用
    defer func() {
        if err := recover(); err != nil {
            fmt.Println(err)
        }
    }()

    sum(1, 2)

    //匿名函数作为实参
    doinput(func(x, y int) int {
        return x + y
    }, 1, 2)

    opFunc := wrap("add")
    re := opFunc(2, 3)

    fmt.Printf("%d\n", re)

}
```

2.3　defer

Go 函数里提供了 defer 关键字，可以注册多个延迟调用，这些调用以先进后出（FILO）的顺序在函数返回前被执行。这有点类似于 Java 语言中异常处理中的 finaly 子句。defer 常用于保证一些资源最终一定能够得到回收和释放。

```
package main

func main() {
//先进后出
    defer func() {
        println("first")
    }()
```

```
    defer func() {
        println("second")
    }()
    println("function body")
}

//结果（先注册后执行）
function body
second
first
```

defer 后面必须是函数或方法的调用，不能是语句，否则会报 `expression in defer must be function call` 错误。

defer 函数的实参在注册时通过值拷贝传递进去。下面示例代码中，实参 a 的值在 defer 注册时通过值拷贝传递进去，后续语句 a++ 并不会影响 defer 语句最后的输出结果。

```
func f() int {
    a := 0
    defer func(i int) {
        println("defer i=", i)
    }(a)

    a++
    return a
}

//defer 打印结果
defer i=0
```

defer 语句必须先注册后才能执行，如果 defer 位于 return 之后，则 defer 因为没有注册，不会执行。

```
package main

func main() {
    defer func() {
        println("first")
    }()
```

```
    a := 0
    println(a)
    return

    defer func() {
        println("second")
    }()
}
```

结果:

```
0
first
```

主动调用 os.Exit(int) 退出进程时，defer 将不再被执行（即使 defer 已经提前注册）。

```
package main

import "os"

func main() {
    defer func() {
        println("defer")
    }()
    println("func body")

    os.Exit(1)

}
```

结果:

```
func body
exit status 1
```

defer 的好处是可以在一定程度上避免资源泄漏，特别是在有很多 return 语句，有多个资源需要关闭的场景中，很容易漏掉资源的关闭操作。例如：

```
func CopyFile(dst, src string) (w int64, err error) {
    src, err := os.Open(src)
    if err != nil {
```

```
        return
    }
    dst, err := os.Create(dst)
    if err != nil {
//src 很容易被忘记关闭
        src.Close()
        return
    }
    w, err = io.Copy(dst, src)

    dst.Close()
    src.Close()
    return
}
```

使用 defer 改写后，在打开资源无报错后直接调用 defer 关闭资源，一旦养成这样的编程习惯，则很难会忘记资源的释放。例如：

```
func CopyFile(dst, src string) (w int64, err error) {
    src, err := os.Open(src)
    if err != nil {
        return
    }
    defer src.Close()

    dst, err := os.Create(dst)
    if err != nil {
        return
    }
    defer  dst.Close()

    w, err = io.Copy(dst, src)

    return
}
```

defer 语句的位置不当，有可能导致 panic，一般 defer 语句放在错误检查语句之后。

defer 也有明显的副作用：defer 会推迟资源的释放，defer 尽量不要放到循环语句里面，将大函数内部的 defer 语句单独拆分成一个小函数是一种很好的实践方式。另外，defer 相对于普通的函数调用需要间接的数据结构的支持，相对于普通函数调用有一定的性能损耗。

defer 中最好不要对有名返回值参数进行操作，否则会引发匪夷所思的结果，7.3 节有专门的分析。

2.4 闭包

2.4.1 概念

闭包是由函数及其相关引用环境组合而成的实体，一般通过在匿名函数中引用外部函数的局部变量或包全局变量构成。

闭包=函数+引用环境

闭包对闭包外的环境引入是直接引用，编译器检测到闭包，会将闭包引用的外部变量分配到堆上。

如果函数返回的闭包引用了该函数的局部变量（参数或函数内部变量）：

（1）多次调用该函数，返回的多个闭包所引用的外部变量是多个副本，原因是每次调用函数都会为局部变量分配内存。

（2）用一个闭包函数多次，如果该闭包修改了其引用的外部变量，则每一次调用该闭包对该外部变量都有影响，因为闭包函数共享外部引用。

示例如下：

```
package main

func fa(a int) func(i int) int {

    return func(i int) int {
        println(&a, a)
        a = a + i
        return a
    }
}

func main() {
    f := fa(1) //f 引用的外部的闭包环境包括本次函数调用的形参 a 的值 1
```

```
    g := fa(1) //g引用的外部的闭包环境包括本次函数调用的形参a的值1

    //此时f、g引用的闭包环境中的a的值并不是同一个，而是两次函数调用产生的副本

    println(f(1))
    //多次调用f引用的是同一个副本a
    println(f(1))

    //g中a的值仍然是1
    println(g(1))
    println(g(1))
}

//程序运行结果
0xc4200140b8 1
2
0xc4200140b8 2
3
0xc4200140c0 1
2
0xc4200140c0 2
3
```

f 和 g 引用的是不同的 a。

如果一个函数调用返回的闭包引用修改了全局变量，则每次调用都会影响全局变量。

如果函数返回的闭包引用的是全局变量 a，则多次调用该函数返回的多个闭包引用的都是同一个 a。同理，调用一个闭包多次引用的也是同一个 a。此时如果闭包中修改了 a 值的逻辑，则每次闭包调用都会影响全局变量 a 的值。使用闭包是为了减少全局变量，所以闭包引用全局变量不是好的编程方式。

示例如下：

```
package main

var (
    a = 0
)
```

```go
func fa() func(i int) int {

    return func(i int) int {
        println(&a, a)
        a = a + i
        return a
    }
}

func main() {
    f := fa()  //f 引用的外部的闭包环境包括全局变量 a

    g := fa()  //f 引用的外部的闭包环境包括全局变量 a

    //此时 f、g 引用的闭包环境中的 a 的值是同一个

    println(f(1)) //1
    println(g(1)) //2
    println(g(1)) //3
    println(g(1)) //4
}


//程序运行结果

0x4c9868 0
1
0x4c9868 1
2
0x4c9868 2
3
0x4c9868 3
4
```

同一个函数返回的多个闭包共享该函数的局部变量。例如：

```go
package main

func fa(base int) (func(int) int, func(int) int) {
```

```
    println(&base, base)
    add := func(i int) int {
        base += i
        println(&base, base)
        return base
    }

    sub := func(i int) int {
        base -= i
        println(&base, base)
        return base
    }

    return add, sub
}

func main() {
    //f、g 闭包引用的 base 是同一个，是 fa 函数调用传递过来的实参值
    f, g := fa(0)//base 地址是 0xc4200140b8

    //s、k 闭包引用的 base 是同一个，是 fa 函数调用传递过来的实参值
    s, k := fa(0)//base 地址是 0xc4200140c0

    //f、g 和 s、k 引用不同的闭包变量，这是由于 fa 每次调用都要重新分配形参

    println(f(1), g(2))
    println(s(1), k(2))

}

//程序运行结果

0xc4200140b8 0
0xc4200140c0 0
0xc4200140b8 1
0xc4200140b8 -1
1 -1
```

```
0xc4200140c0 1
0xc4200140c0 -1
1 -1
```

2.4.2 闭包的价值

闭包最初的目的是减少全局变量，在函数调用的过程中隐式地传递共享变量，有其有用的一面；但是这种隐秘的共享变量的方式带来的坏处是不够直接，不够清晰，除非是非常有价值的地方，一般不建议使用闭包。

对象是附有行为的数据，而闭包是附有数据的行为，类在定义时已经显式地集中定义了行为，但是闭包中的数据没有显式地集中声明的地方，这种数据和行为耦合的模型不是一种推荐的编程模型，闭包仅仅是锦上添花的东西，不是不可缺少的。有关闭包的内部实现原理见 2.7 节。

2.5 panic 和 recover

本节主要介绍 panic 和 recover 两个内置函数，这两个内置函数用来处理 Go 的运行时错误（runtime errors）。panic 用来主动抛出错误，recover 用来捕获 panic 抛出的错误。

2.5.1 基本概念

panic 和 recover 的函数签名如下：

```
panic(i interface{})
revover()interface{}
```

引发 panic 有两种情况，一种是程序主动调用 panic 函数，另一种是程序产生运行时错误，由运行时检测并抛出。

发生 panic 后，程序会从调用 panic 的函数位置或发生 panic 的地方立即返回，逐层向上执行函数的 defer 语句，然后逐层打印函数调用堆栈，直到被 recover 捕获或运行到最外层函数而退出。

panic 的参数是一个空接口类型 interface{}，所以任意类型的变量都可以传递给 panic（空接口的详细介绍见 4.3 节）。调用 panic 的方法非常简单：panic(xxx)。

panic 不但可以在函数正常流程中抛出，在 defer 逻辑里也可以再次调用 panic 或抛出 panic。defer 里面的 panic 能够被后续执行的 defer 捕获。

recover()用来捕获 panic，阻止 panic 继续向上传递。recover()和 defer 一起使用，但是 recover() 只有在 defer 后面的函数体内被直接调用才能捕获 panic 终止异常，否则返回 nil，异常继续向外传递。

```
//这个会捕获失败
defer recover()

//这个会捕获失败
defer  fmt.Println(recover())

//这个嵌套两层也会捕获失败
defer func() {
        func() {
        println("defer inner")
        recover() //无效
        }()
}()

//如下场景会捕获成功
defer func() {
    println("defer inner")
    recover()
}()

func except() {
    recover()
}

func test() {
    defer except()
    panic("test panic")
}
```

可以有连续多个 panic 被抛出，连续多个 panic 的场景只能出现在延迟调用里面，否则不会出现多个 panic 被抛出的场景。但只有最后一次 panic 能被捕获。例如：

```
package main

import "fmt"
```

```go
func main() {
    defer func() {
        if err := recover(); err != nil {
            fmt.Println(err)
        }
    }()

    //只有最后一次 panic 调用能够被捕获
    defer func() {
        panic("first defer panic")
    }()

    defer func() {
        panic("second defer panic")
    }()

    panic("main body panic")
}

//结果

first defer panic
```

包中 init 函数引发的 panic 只能在 init 函数中捕获，在 main 中无法被捕获，原因是 init 函数先于 main 执行，有关包相关的知识参见 8.3 节。函数并不能捕获内部新启动的 goroutine 所抛出的 panic。例如：

```go
package main

import (
    "fmt"
    "time"
)

func do() {

    //这里并不能捕获 da 函数中的 panic
```

```
    defer func() {
        if err := recover(); err != nil {
            fmt.Println(err)
        }
    }()

    go da()
    go db()
    time.Sleep(3 * time.Second)
}

func da() {
    panic("panic da")
    for i := 0; i < 10; i++ {
        fmt.Println(i)
    }
}

func db() {
    for i := 0; i < 10; i++ {
        fmt.Println(i)
    }
}
```

2.5.2　使用场景

什么情况下主动调用 panic 函数抛出 panic？

一般有两种情况：

（1）程序遇到了无法正常执行下去的错误，主动调用 panic 函数结束程序运行。

（2）在调试程序时，通过主动调用 panic 实现快速退出，panic 打印出的堆栈能够更快地定位错误。

为了保证程序的健壮性，需要主动在程序的分支流程上使用 recover() 拦截运行时错误。

Go 提供了两种处理错误的方式，一种是借助 panic 和 recover 的抛出捕获机制，另一种是使用 error 错误类型。这两种机制的使用方法在 2.6 节详细介绍。

2.6 错误处理

Go 的错误处理涉及接口的相关知识，读者如果对接口不是很熟悉，则可以先跳到第 4 章接口，学习完后再来学习本节内容。

2.6.1 error

Go 语言内置错误接口类型 error。任何类型只要实现 Error() string 方法，都可以传递 error 接口类型变量。Go 语言典型的错误处理方式是将 error 作为函数最后一个返回值。在调用函数时，通过检测其返回的 error 值是否为 nil 来进行错误处理。

```
//$GOROOT/src/go/src/builtin/builtin.go

type error interface {
    Error() string
}
```

Go 语言标准库提供的两个函数返回实现了 error 接口的具体类型实例，一般的错误可以使用这两个函数进行封装。遇到复杂的错误，用户也可以自定义错误类型，只要其实现 error 接口即可。例如：

```
//http://golang.org/src/pkg/fmt/print.go

//Errorf formats according to a format specifier and returns the string
//as a value that satisfies error.
func Errorf(format string, a ...interface{}) error {
    return errors.New(Sprintf(format, a…))
}

//http://golang.org/src/pkg/errors/errors.go

//New returns an error that formats as the given text.
func New(text string) error {
    return &errorString{text}
}
```

错误处理的最佳实践：

* 在多个返回值的函数中，error 通常作为函数最后一个返回值。

- 如果一个函数返回 error 类型变量，则先用 if 语句处理 error != nil 的异常场景，正常逻辑放到 if 语句块的后面，保持代码平坦。

- defer 语句应该放到 err 判断的后面，不然有可能产生 panic。

- 在错误逐级向上传递的过程中，错误信息应该不断地丰富和完善，而不是简单地抛出下层调用的错误。这在错误日志分析时非常有用和友好。

2.6.2 错误和异常

异常和错误在现代编程语言中是一对使用混乱的词语，下面将错误和异常做一个区分。

广义上的错误：发生非期望的行为。

狭义的错误：发生非期望的已知行为，这里的已知是指错误的类型是预料并定义好的。

异常：发生非期待的未知行为。这里的未知是指错误的类型不在预先定义的范围内。异常又被称为未捕获的错误（untrapped error）。程序在执行时发生未预先定义的错误，程序编译器和运行时都没有及时将其捕获处理。而是由操作系统进行异常处理，比如 C 语言程序里面经常出现的 Segmentation Fault（段异常错误），这个就属于异常范畴。

错误分类关系如图 2-1 所示。

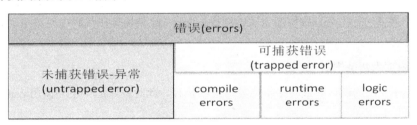

图 2-1　错误分类

Go 是一门类型安全的语言，其运行时不会出现这种编译器和运行时都无法捕获的错误，也就是说，不会出现 untrapped error，所以从这个角度来说，Go 语言不存在所谓的异常，出现的"异常"全是错误。

Go 程序需要处理的这些错误可以分为两类：

- 一类是运行时错误（runtime errors），此类错误语言的运行时能够捕获，并采取措施——隐式或显式地抛出 panic。

- 一类是程序逻辑错误：程序执行结果不符合预期，但不会引发运行时错误。

对于运行时错误，程序员无法完全避免其发生，只能尽量减少其发生的概率，并在不影响程序主功能的分支流程上"recover"这些 panic，避免其因为一个 panic 引发整个程序的崩溃。

Go 对于错误提供了两种处理机制：

（1）通过函数返回错误类型的值来处理错误。

（2）通过 panic 打印程序调用栈，终止程序执行来处理错误。

所以对错误的处理也有两种方法，一种是通过返回一个错误类型值来处理错误，另一种是直接调用 panic 抛出错误，退出程序。

Go 是静态强类型语言，程序的大部分错误是可以在编译器检测到的，但是有些错误行为需要在运行期才能检测出来。此种错误行为将导致程序异常退出。其表现出的行为就和直接调用 panic 一样：打印出函数调用栈信息，并且终止程序执行。

在实际的编程中，error 和 panic 的使用应该遵循如下三条原则：

（1）程序局部代码的执行结果不符合预期，但此种行为不是运行时错误范围内预定义的错误，此种非期望的行为不会导致程序无法提供服务，此类场景应该使用函数返回 error 类型变量进行错误处理。

（2）程序执行过程中发生错误，且该种错误是运行时错误范围内预定义的错误，此时 Go 语言默认的隐式处理动作就是调用 panic，如果此种 panic 发生在程序的分支流程不影响主要更能，则可以在发生 panic 的程序分支上游处使用 recover 进行捕获，避免引发整个程序的崩溃。

（3）程序局部代码执行结果不符合预期，此种行为虽然不是运行时错误范围内预定义的错误，但此种非期望的行为会导致程序无法继续提供服务，此类场景在代码中应该主动调用 panic，终止程序的执行。

进一步浓缩为两条规则：

（1）程序发生的错误导致程序不能容错继续执行，此时程序应该主动调用 panic 或由运行时抛出 panic。

（2）程序虽然发生错误，但是程序能够容错继续执行，此时应该使用错误返回值的方式处理错误，或者在可能发生运行时错误的非关键分支上使用 recover 捕获 panic。

Go 的整个错误处理过程如图 2-2 所示。

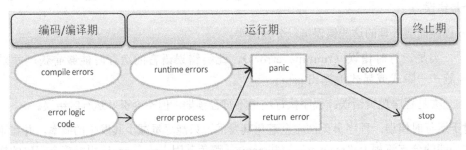

图 2-2　Go 的错误处理过程

Go 程序的有些错误是在运行时进行检测的，运行期的错误检测包括空指针、数组越界等。如果运行时发生错误，则程序出于安全设计会自动产生 panic。另外，程序在编码阶段通过主动调用 panic 来进行快速报错，这也是一种有效的调试手段。

2.7 底层实现

基于堆栈式的程序执行模型决定了函数是语言的一个核心元素。分析 Go 函数的内部实现，对理解整个程序的执行模型有很大的好处。研究底层实现有两种办法，一种是看语言编译器源码，分析其对函数的各个特性的处理逻辑，另一种是反汇编，将可执行程序反汇编出来。

本节使用反汇编这种短、平、快的方法。首先介绍 Go 的函数调用规约，接着介绍 Go 使用的汇编语言的基本概念，然后通过反汇编技术来剖析 Go 的函数某些特性的底层实现。

2.7.1 函数调用规约

Go 函数使用的是 caller-save 的模式，即由调用者负责保存寄存器，所以在函数的头尾不会出现 `push ebp; mov esp ebp` 这样的代码，相反其是在主调函数调用被调函数的前后有一个保存现场和恢复现场的动作。

主调函数保存和恢复现场的通用逻辑如下：

```
//开辟栈空间，压栈 PB 保存现场
        SUBQ    $x, SP      //为函数开辟栈空间
        MOVQ    BP, y(SP)   //保存当前函数 BP 到 y(SP) 位置，y 为相对 SP 的偏移量
        LEAQ    y(SP), BP   //重置 BP，使其指向刚刚保存 BP 旧值的位置，这里主要
                            //是方便后续 BP 的恢复


// 弹出栈，恢复 BP
        MOVQ    y(SP), BP   //恢复 BP 的值为调用前的值
        ADDQ    $x, SP      //恢复 SP 的值为函数开始时的值
```

2.7.2 汇编基础

基于 AT&T 风格的汇编格式，Go 编译器产生的汇编代码是一种中间抽象态，它不是对机器码的映射，而是和平台无关的一个中间态汇编描述。所以汇编代码中有些寄存器是真实的，有些是抽象的。几个抽象的寄存器如下：

SB（Static base pointer）：静态基址寄存器，它和全局符号一起表示全局变量的地址。

FP（Frame pointer）：栈帧寄存器，该寄存器指向当前函数调用栈帧的栈底位置。

PC（Program counter）：程序计数器，存放下一条指令的执行地址，很少直接操作该寄存器，一般是 CALL、RET 等指令隐式的操作。

SP（Stack pointer）：栈顶寄存器，一般在函数调用前由主调函数设置 SP 的值对栈空间进行分配或回收。

Go 汇编简介

（1）Go 汇编器采用 AT&T 风格的汇编，早期的实现来自 plan9 汇编器[1]：源操作数在前，目的操作数在后。

（2）Go 内嵌汇编和反汇编产生的代码并不是一一对应的，汇编编译器对内嵌汇编程序自动做了调整，主要差别就是增加了保护现场，以及函数调用前的保持 PC、SP 偏移地址重定位等逻辑。反汇编代码更能反映程序的真实执行逻辑。

（3）Go 的汇编代码并不是和具体硬件体系结构的机器码一一对应的，而是一种半抽象的描述，寄存器可能是抽象的，也可能是具体的。

下面代码的分析基于 AMD64 位架构下的 Linux 环境。

2.7.3　多值返回分析

多值返回函数 swap 的源码如下：

```
1 package main
2
3 //go:noinline
4 func swap(a, b int) (x int, y int) {
5     x = b
6     y = a
7     return
8 }
9
10 func main() {
11     swap(10, 20)
12 }
```

1　plan9 汇编参见 https://9p.io/sys/doc/asm.html。

- 编译生成汇编如下

```
//-S 产生汇编的代码
//-N 禁用优化
//-l 禁用内联
```

```
GOOS=linux GOARCH=amd64 go tool compile -l -N -S swap.go >swap.s 2>&1
```

- 汇编代码分析

（1）swap 函数汇编代码分析。例如：

```
 1 "".swap STEXT nosplit size=39 args=0x20 locals=0x0
 2    0x0000 00000 (swap.go:4)    TEXT     "".swap(SB), NOSPLIT, $0-32
 3    0x0000 00000 (swap.go:4)    FUNCDATA    $0,
gclocals·ff19ed39bdde8a01a800918ac3ef0ec7(SB)
 4    0x0000 00000 (swap.go:4)    FUNCDATA    $1,
gclocals·33cdeccccebe80329f1fdbee7f5874cb(SB)
 5    0x0000 00000 (swap.go:4)    MOVQ     $0, "".x+24(SP)
 6    0x0009 00009 (swap.go:4)    MOVQ     $0, "".y+32(SP)
 7    0x0012 00018 (swap.go:5)    MOVQ     "".b+16(SP), AX
 8    0x0017 00023 (swap.go:5)    MOVQ     AX, "".x+24(SP)
 9    0x001c 00028 (swap.go:6)    MOVQ     "".a+8(SP), AX
10    0x0021 00033 (swap.go:6)    MOVQ     AX, "".y+32(SP)
11    0x0026 00038 (swap.go:7)    RET
```

第 5 行　初始化返回值 x 为 0。

第 6 行　初始化返回值 y 为 0。

第 7~8 行　取第 2 个参数赋值给返回值 x。

第 9~10 行　取第 1 个参数赋值给返回值 y。

第 11 行　函数返回，同时进行栈回收。

FUNCDATA 和垃圾收集可以忽略。

（2）main 函数汇编代码分析。例如：

```
15 "".main STEXT size=68 args=0x0 locals=0x28
16    0x0000 00000 (swap.go:10)    TEXT     "".main(SB), $40-0
17    0x0000 00000 (swap.go:10)    MOVQ     (TLS), CX
18    0x0009 00009 (swap.go:10)    CMPQ     SP, 16(CX)
```

```
19     0x000d 00013 (swap.go:10)    JLS  61
20     0x000f 00015 (swap.go:10)    SUBQ    $40, SP
21     0x0013 00019 (swap.go:10)    MOVQ    BP, 32(SP)
22     0x0018 00024 (swap.go:10)    LEAQ    32(SP), BP
23     0x001d 00029 (swap.go:10)    FUNCDATA    $0,
gclocals·33cdecccccebe80329f1fdbee7f5874cb(SB)
24     0x001d 00029 (swap.go:10)    FUNCDATA    $1,
gclocals·33cdeccccebe80329f1fdbee7f5874cb(SB)
25     0x001d 00029 (swap.go:11)    MOVQ    $10, (SP)
26     0x0025 00037 (swap.go:11)    MOVQ    $20, 8(SP)
27     0x002e 00046 (swap.go:11)    PCDATA  $0, $0
28     0x002e 00046 (swap.go:11)    CALL    "".swap(SB)
29     0x0033 00051 (swap.go:12)    MOVQ    32(SP), BP
30     0x0038 00056 (swap.go:12)    ADDQ    $40, SP
31     0x003c 00060 (swap.go:12)    RET
32     0x003d 00061 (swap.go:12)    NOP
33     0x003d 00061 (swap.go:10)    PCDATA  $0, $-1
```

第 15～24 行 main 函数堆栈初始化：开辟栈空间，保存 BP 寄存器。

第 25 行 初始化 swap 函数的调用参数 1 的值为 10。

第 26 行 初始化 swap 函数的调用参数 2 的值为 20。

第 28 行 调用 swap 函数，注意 call 隐含一个将 swap 下一条指令地址压栈的动作，即 sp=sp-8。所以可以看到在 swap 里面的所有变量的相对位置都发生了变化，都在原来的地址上+8。

第 29～30 行 恢复栈空间。

从汇编的代码得知：

（1）函数的调用者负责环境准备，包括为参数和返回值开辟栈空间。

（2）寄存器的保存和恢复也由调用方负责。

（3）函数调用后回收栈空间，恢复 BP 也由主调函数负责。

函数的多值返回实质上是在栈上开辟多个地址分别存放返回值，这个并没有什么特别的地方。如果返回值是存放到堆上的，则多了一个复制的动作。

main 调用 swap 函数栈的结构如图 2-3 所示。

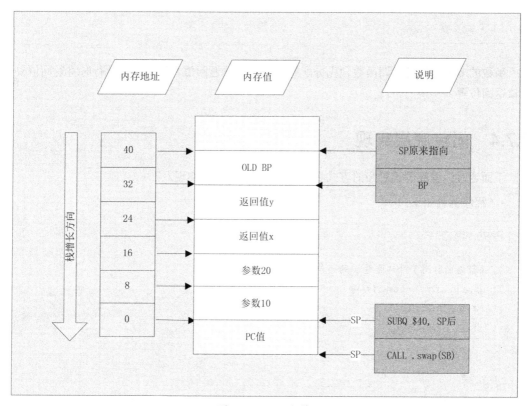

图 2-3 Go 函数栈

函数调用前已经为返回值和参数分配了栈空间，分配顺序是从右向左的，先是返回值，然后是参数，通用的栈模型如下：

```
|                 |
+-----------------+
```

　　函数的多值返回是主调函数预先分配好空间来存放返回值，被调函数执行时将返回值复制到该返回位置来实现的。

2.7.4　闭包底层实现

　　下面通过汇编和源码对照的方式看一下 Go 闭包的内部实现。

- 程序源码如下：

```
package main

//函数返回引用了外部变量 i 的闭包
func a(i int) func() {
    return func() {
        print(i)
    }
}

func main() {
    f := a(1)
    f()
}
```

- 编译汇编如下：

```
GOOS=linux GOARCH=amd64 go tool compile -S c2_7_4a.go >c2_7_4a.s 2&1
```

- 关键汇编代码及分析如下：

```
//函数 a 对应的汇编代码
1 "".a STEXT size=91 args=0x10 locals=0x18
2    0x0000 00000 (c2_7_4a.go:3) TEXT    "".a(SB), $24-16
3    0x0000 00000 (c2_7_4a.go:3) MOVQ    (TLS), CX
4    0x0009 00009 (c2_7_4a.go:3) CMPQ    SP, 16(CX)
5    0x000d 00013 (c2_7_4a.go:3) JLS 84
6    0x000f 00015 (c2_7_4a.go:3) SUBQ    $24, SP
7    0x0013 00019 (c2_7_4a.go:3) MOVQ    BP, 16(SP)
```

```
 8      0x0018 00024 (c2_7_4a.go:3) LEAQ      16(SP), BP
 9      0x001d 00029 (c2_7_4a.go:3) FUNCDATA    $0,
gclocals·f207267fbf96a0178e8758c6e3e0ce28(SB)
10      0x001d 00029 (c2_7_4a.go:3) FUNCDATA    $1,
gclocals·33cdeccccebe80329f1fdbee7f5874cb(SB)
11      0x001d 00029 (c2_7_4a.go:4) LEAQ      type.noalg.struct { F uintptr;
"".i int }(SB), AX
12      0x0024 00036 (c2_7_4a.go:4) MOVQ      AX, (SP)
13      0x0028 00040 (c2_7_4a.go:4) PCDATA    $0, $0
14      0x0028 00040 (c2_7_4a.go:4) CALL      runtime.newobject(SB)
15      0x002d 00045 (c2_7_4a.go:4) MOVQ      8(SP), AX
16      0x0032 00050 (c2_7_4a.go:4) LEAQ      "".a.func1(SB), CX
17      0x0039 00057 (c2_7_4a.go:4) MOVQ      CX, (AX)
18      0x003c 00060 (c2_7_4a.go:3) MOVQ      "".i+32(SP), CX
19      0x0041 00065 (c2_7_4a.go:4) MOVQ      CX, 8(AX)
20      0x0045 00069 (c2_7_4a.go:4) MOVQ      AX, "".~r1+40(SP)
21      0x004a 00074 (c2_7_4a.go:4) MOVQ      16(SP), BP
22      0x004f 00079 (c2_7_4a.go:4) ADDQ      $24, SP
```

func a()函数分析

第 1~10 行　栈环境准备。

第 11 行　这里我们看到 type.noalg.struct { F uintptr; "".i int }(SB)这个符号是一个闭包类型的数据，闭包类型的数据结构如下：

```
type Closure struct {
    F uintptr
    i int
}
```

闭包的结构很简单：一个是函数指针，另一个是对外部环境的引用。注意，这里仅仅是打印 i，并没有修改 i，Go 编译器并没有传递地址而是传递值。

第 11 行　将闭包类型元信息放到(SP)位置，(SP)地址存放的是 CALL 函数调用的第一个参数。

第 14 行　创建闭包对象，我们来看一下 runtime.newobject 的函数原型，该函数的输入参数是一个类型信息，返回值是根据该类型信息构造出来的对象地址。

```
// src/runtime/malloc.go
func newobject(typ *_type) unsafe.Pointer
```

第 15 行　将 newobject 返回的对象地址复制给 AX 寄存器。

第 16 行　将 a 函数里面的匿名函数 a.func1 指针复制到 CX 寄存器。

第 17 行　将 CX 寄存器中存放的 a.func1 函数指针复制到闭包对象的函数指针位置。

第 18、19 行　将外部闭包变量 i 的值复制到闭包对象的 i 处。

第 20 行　复制闭包对象指针值到函数返回值位置""..~r1+40(SP)。

```
//main 函数对应的汇编代码
 39 "".main STEXT size=69 args=0x0 locals=0x18
 40    0x0000 00000 (c2_7_4a.go:9)  TEXT    "".main(SB), $24-0
 41    0x0000 00000 (c2_7_4a.go:9)  MOVQ    (TLS), CX
 42    0x0009 00009 (c2_7_4a.go:9)  CMPQ    SP, 16(CX)
 43    0x000d 00013 (c2_7_4a.go:9)  JLS 62
 44    0x000f 00015 (c2_7_4a.go:9)  SUBQ    $24, SP
 45    0x0013 00019 (c2_7_4a.go:9)  MOVQ    BP, 16(SP)
 46    0x0018 00024 (c2_7_4a.go:9)  LEAQ    16(SP), BP
 47    0x001d 00029 (c2_7_4a.go:9)  FUNCDATA    $0,
gclocals·33cdeccccebe80329f1fdbee7f5874cb(SB)
 48    0x001d 00029 (c2_7_4a.go:9)  FUNCDATA    $1,
gclocals·33cdeccccebe80329f1fdbee7f5874cb(SB)
 49    0x001d 00029 (c2_7_4a.go:10)  MOVQ    $1, (SP)
 50    0x0025 00037 (c2_7_4a.go:10)  PCDATA $0, $0
 51    0x0025 00037 (c2_7_4a.go:10)  CALL    "".a(SB)
 52    0x002a 00042 (c2_7_4a.go:10)  MOVQ    8(SP), DX
 53    0x002f 00047 (c2_7_4a.go:11)  MOVQ    (DX), AX
 54    0x0032 00050 (c2_7_4a.go:11)  PCDATA $0, $0
 55    0x0032 00050 (c2_7_4a.go:11)  CALL    AX
 56    0x0034 00052 (c2_7_4a.go:15)  MOVQ    16(SP), BP
 57    0x0039 00057 (c2_7_4a.go:15)  ADDQ    $24, SP
 58    0x003d 00061 (c2_7_4a.go:15)  RET
```

main()函数分析

（1）第 39~48 行　准备环境。

（2）第 49 行　将立即数 1 复制到(SP)位置，为后续的 CALL 指令准备参数。

（3）第 51 行　调用函数 a()。

（4）第 52 行　复制函数返回值到 DX 寄存器。

（5）第 53 行　间接寻址，复制闭包对象中的函数指针到 AX 寄存器。

（6）第 55 行　调用 AX 寄存器指向的函数。

（7）第 56～58 行　恢复环境，并返回。

通过汇编代码的分析，我们清楚地看到 Go 实现闭包是通过返回一个如下的结构来实现的。

```
type Closure struct {
    F uintptr
    env *Type
}
```

F 是返回的匿名函数指针，env 是对外部环境变量的引用集合。如果闭包内没有修改外部变量，则 Go 编译器直接优化为值传递，如上面的例子中的代码所示；反之则是通过指针传递的。

第 3 章
类型系统

类型系统对于一门语言来说至关重要，特别是静态编程语言，类型系统能够在编译阶段发现大部分程序错误。类型是高级语言实现抽象编程的基础，学好类型系统对于掌握一门语言来说至关重要。

第 1 章已经初步介绍了 Go 语言数据类型中的简单类型和复合类型。简单类型包括布尔型、整型、浮点型、复数和字符串，复合类型包括数组、切片、字典、结构和指针，第 2 章介绍的函数类型也属于复合类型。字符类型 byte 和 rune 在底层是当作 int8 和 int32 处理的，从这个角度来说，可以把字符类型归类到整型里面。

Go 语言从设计之初就本着"大道至简"的理念，所以 Go 语言的类型系统设计得非常精炼，抛弃了大部分传统面向对象语言的类的概念，取而代之的是结构（struct）。结构在内存分布上看起来和 C 语言的 struct 没有区别，简单干净，没有像 C++那样为了实现多态和多继承而额外添加虚拟函数指针。这种简单的设计实际上蕴藏着一种哲学：把语言的特性设计得尽可能正交，相互之间不要关联，对多态的支持交给接口去处理，类型的存储尽量简单、平坦、直接。

Go 语言的类型系统可以分为命名类型、非命名类型、底层类型、动态类型和静态类型等，本章将系统介绍这些知识，使读者对 Go 语言的类型系统有一个完整的认识。同时，本章在介绍类型的基础上深入介绍自定义类型和类型方法，这些是 Go 语言面向对象编程的基础。

3.1　类型简介

第 1 章简单介绍了 Go 语言的数据类型：简单类型和复合类型，本章将系统阐述 Go 语言的类型系统。首先介绍什么是命名类型和未命名类型，然后讲解两个类型相同的判断条件，最后介绍类型之间的可赋值型。

3.1.1　命名类型和未命名类型

命名类型（Named Type）

类型可以通过标识符来表示，这种类型称为命名类型。Go 语言的基本类型中有 20 个预声明简单类型都是命名类型，Go 语言还有一种命名类型——用户自定义类型，将在 3.2 节介绍。

未命名类型（Unamed Type）

一个类型由预声明类型、关键字和操作符组合而成，这个类型称为未命名类型。未命名类型又称为类型字面量（Type Literal），本书中的未命名类型和类型字面量二者等价。

Go 语言的基本类型中的复合类型：数组（array）、切片（slice）、字典（map）、通道（channel）、指针（pointer）、函数字面量（function）、结构（struct）和接口（interface）都属于类型字面量，也都是未命名类型。

所以 `*int`、`[]int`、`[2]int`、`map[k]v` 都是未命名类型。

注意：前面所说的结构和接口是未命名类型，这里的结构和接口没有使用 type 格式定义，具体见下方示例说明。

```
package main

import "fmt"

//使用 type 声明的是命名类型
type Person struct {
    name string
    age  int
}

func main() {
    //使用 struct 字面量声明的是未命名类型
    a := struct {
        name string
```

```
        age  int
    }{"andes", 18}
    fmt.Printf("%T\n", a) //struct { name string; age int }
    fmt.Printf("%v\n", a) //{andes 18}


    b := Person{"tom", 21}
    fmt.Printf("%T\n", b) //main.Person
    fmt.Printf("%v\n", b) //{tom 21}


}
```

Go 语言的命名类型和未命名类型如图 3-1 所示。

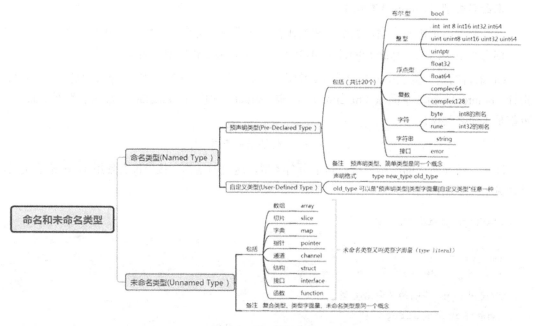

图 3-1 Go 类型系统

（1）未命名类型和类型字面量是等价的，我们通常所说的 Go 语言基本类型中的复合类型就是类型字面量，所以未命名类型、类型字面量和 Go 语言基本类型中的复合类型三者等价。

（2）通常所说的 Go 语言基本类型中的简单类型就是这 20 个预声明类型，它们都属于命名类型。

（3）预声明类型是命名类型的一种，另一类命名类型是自定义类型（参见 3.2.1 节）。

3.1.2　底层类型

3.1.1 节我们理清了命名类型和未命名类型、预声明类型、类型字面量、自定义类型的关系。本节我们继续引入一个概念，那就是底层类型。

所有"类型"都有一个 underlying type（底层类型）。底层类型的规则如下：

（1）预声明类型（Pre-declared types）和类型字面量（type literals）的底层类型是它们自身。

（2）自定义类型 `type newtype oldtype` 中 newtype 的底层类型是逐层递归向下查找的，直到查到的 oldtype 是预声明类型（Pre-declared types）或类型字面量（type literals）为止。例如：

```
type T1 string
type T2 T1
type T3 []string
type T4 T3
type T5 []T1
type T6 T5
```

T1 和 T2 的底层类型都是 string，T3 和 T4 的底层类型都是[]string，T6 和 T5 的底层类型都是[]T1。特别注意这里的 T6、T5 与 T3、T4 的底层类型是不一样的，一个是[]T1，另一个是[]string。

底层类型在类型赋值和类型强制转换时会使用，接下来就介绍这两个主题。

3.1.3　类型相同和类型赋值

类型相同

Go 是强类型的语言，编译器在编译时会进行严格的类型校验。两个命名类型是否相同，参考如下：

（1）两个命名类型相同的条件是两个类型声明的语句完全相同。

（2）命名类型和未命名类型永远不相同。

（3）两个未命名类型相同的条件是它们的类型声明字面量的结构相同，并且内部元素的类型相同。

（4）通过类型别名语句声明的两个类型相同。

Go 1.9 引入了类型别名语法 `type T1 = T2`，T1 的类型完全和 T2 一样。引入别名主要有如下原因：

（1）为了解决新旧包的迁移兼容问题，比如 context 包先前并不在标准库里面，后面迁移到了标准库。

（2）Go 的按包进行隔离的机制不太精细，有时我们需要将大包划分为几个小包进行开发，但需要在大包里面暴露全部的类型给使用者。

（3）解决新旧类型的迁移问题，新类型先是旧类型的别名，后续的软件都基于新类型编程，在合适的时间将新类型升级为和旧类型不兼容，常用于软件的柔性升级。

类型可直接赋值

不同类型的变量之间一般是不能直接相互赋值的，除非满足一定的条件。下面探讨类型可赋值的条件。

类型为 T1 的变量 a 可以赋值给类型为 T2 的变量 b，称为类型 T1 可以赋值给类型 T2，伪代码表述如下：

```
//a 是类型为 T1 的变量，或者 a 本身就是一个字面常量或 nil
//如果如下语句可以执行，则称之为类型 T1 可以赋值给类型 T2
var b T2 = a
```

a 可以赋值给变量 b 必须要满足如下条件中的一个：

（1）T1 和 T2 的类型相同。

（2）T1 和 T2 具有相同的底层类型，并且 T1 和 T2 里面至少有一个是未命名类型。

（3）T2 是接口类型，T1 是具体类型，T1 的方法集是 T2 方法集的超集（方法集参见第 4 章）。

（4）T1 和 T2 都是通道类型，它们拥有相同的元素类型，并且 T1 和 T2 中至少有一个是未命名类型。

（5）a 是预声明标识符 nil，T2 是 pointer、funcition、slice、map、channel、interface 类型中的一个。

（6）a 是一个字面常量值，可以用来表示类型 T 的值（参见 1.4 节）。

示例如下：

```
package main

import (
    "fmt"
)

type Map map[string]string
```

```go
func (m Map) Print() {
    for _, key := range m {
        fmt.Println(key)
    }
}

type iMap Map
```

//只要底层类型是 slice、map 等支持 range 的类型字面量，新类型仍然可以使用 range 迭代

```go
func (m iMap) Print() {
    for _, key := range m {
        fmt.Println(key)
    }
}

type slice []int
func (s slice) Print() {
    for _, v := range s {
        fmt.Println(v)
    }
}

func main() {
    mp := make(map[string]string, 10)
    mp["hi"] = "tata"

    //mp 与 ma 有相同的底层类型 map[string]stirng，并且 mp 是未命名类型
    //所以 mp 可以直接赋值给 ma
    var ma Map = mp

    //im 与 ma 虽然有相同的底层类型 map[string]stirng，但它们中没有一个是未命名类型
    //不能赋值，如下语句不能通过编译
    //var im iMap = ma

    ma.Print()
    im.Print()
```

```
    //Map 实现了 Print()，所以其可以赋值给接口类型变量
    var i interface {
        Print()
    } = ma

    i.Print()

    s1 := []int{1, 2, 3}
    var s2 slice
    s2 = s1
    s2.Print()
}
```

3.1.4　类型强制转换

由于 Go 是强类型的语言，如果不满足自动转换的条件，则必须进行强制类型转换。任意两个不相干的类型如果进行强制转换，则必须符合一定的规则。强制类型的语法格式：var a T = (T)(b)，使用括号将类型和要转换的变量或表达式的值括起来。

非常量类型的变量 x 可以强制转化并传递给类型 T，需要满足如下任一条件：

（1）x 可以直接赋值给 T 类型变量。

（2）x 的类型和 T 具有相同的底层类型。

继续使用上一节的示例：

```
package main
import (
    "fmt"
)

type Map map[string]string

func (m Map) Print() {
    for _, key := range m {
        fmt.Println(key)
    }
}
```

```
type iMap Map

//只要底层类型是 slice、map 等支持 range 的类型字面量，新类型仍然可以使用 range 迭代
func (m iMap) Print() {
    for _, key := range m {
        fmt.Println(key)
    }
}

func main() {
    mp := make(map[string]string, 10)
    mp["hi"] = "tata"
    //mp 与 ma 有相同的底层类型 map[string]stirng，并且 mp 是未命名类型
    var ma Map = mp

    //im 与 ma 虽然有相同的底层类型，但是二者中没有一个是字面量类型，不能直接赋值，可以
    //强制进行类型转换
    //var im iMap = ma
    var im iMap = (iMap)(ma)

    ma.Print()
    im.Print()
}
```

（3）x 的类型和 T 都是未命名的指针类型，并且指针指向的类型具有相同的底层类型。

（4）x 的类型和 T 都是整型，或者都是浮点型。

（5）x 的类型和 T 都是复数类型。

（6）x 是整数值或 []byte 类型的值，T 是 string 类型。

（7）x 是一个字符串，T 是[]byte 或[]rune。

字符串和字节切片之间的转换最常见，示例如下：

```
s := "hello,世界!"
var a []byte
a = []byte(s)
var b string
b = string(a)
```

```
var c []rune
c = []rune(s)
fmt.Printf("%T\n", a)//[]uint8 byte 是 int8 的别名
fmt.Printf("%T\n", b)//string
fmt.Printf("%T\n", c)//[]int32 rune 是 int32 的别名
```

注意：

（1）数值类型和 string 类型之间的相互转换可能造成值部分丢失；其他的转换仅是类型的转换，不会造成值的改变。string 和数字之间的转换可使用标准库 strconv。

（2）Go 语言没有语言机制支持指针和 interger 之间的直接转换，可以使用标准库中的 unsafe 包进行处理。

3.2 类型方法

花了那么多笔墨介绍各种类型之间的关系，最主要的原因就是为了介绍类型方法。为类型增加方法是 Go 语言实现面向对象编程的基础。在介绍类型方法之前先介绍自定义类型。

3.2.1 自定义类型

前面介绍命名类型时提到了自定义类型。用户自定义类型使用关键字 type，其语法格式是 type newtype oldtype。oldtype 可以是自定义类型、预声明类型、未命名类型中的任意一种。newtype 是新类型的标识符，与 oldtype 具有相同的底层类型，并且都继承了底层类型的操作集合（这里的操作不是方法，比如底层类型是 map，支持 range 迭代访问，则新类型也可以使用 range 迭代访问）。除此之外，newtype 和 oldtype 是两个完全不同的类型，newtype 不会继承 oldtype 的方法。无论 oldtype 是什么类型，使用 type 声明的新类型都是一种命名类型，也就是说，自定义类型都是命名类型。

```
type INT int    //INT 是一个使用预声明类型声明的自定义类型
type Map map[string]string //Map 是一个使用类型字面量声明的自定义类型
type myMap Map   //myMap 是一个自定义类型 Map 声明的自定义类型
//INT、Map、myMap 都是命名类型
```

Go 语言内置的类型算不上丰富，但是很容易用现有的类型构造出新类型，进而构造出复杂和多样的数据结构。下面介绍 Go 语言中常用的自定义类型。

自定义 struct 类型

1.6 节粗略介绍过 struct 类型，这里继续深入介绍 struct。为什么再次介绍？struct 类型是 Go 语言自定义类型的普遍的形式，是 Go 语言类型扩展的基石，也是 Go 语言面向对象承载的基础。

前面章节将 struct 划为未命名类型，那时的 struct 是使用字面量来表示的，如果使用 type 语句声明，则这个新类型就是命名类型。例如：

```
//使用type自定义的结构类型属于命名类型
type xxx struct {
        Field1 type1
        Field2 type2
...
}



//errorString是一个自定义结构类型，也是命名类型
type errorString struct {
    s string
}


//结构字面量属于未命名类型
struct {
        Field1 type1
        Field2 type2
...
}

//struct{}是非命名类型空结构
var s = struct{}{}
```

struct 初始化

以 Person 结构为例来讲一下结构的初始化的方法。例如：

```
type Person struct {
    name string
    age  int
}
```

（1）按照字段顺序进行初始化。例如：

```
//注意有三种写法
a := Person{"andes",18}

b := Person{
        "andes",
        18,
        }

c := Person{
        "andes",
        18}
```

这不是一种推荐的方法，一旦结构增加字段，则不得不修改顺序初始化语句。

（2）指定字段名进行初始化。例如：

```
a := Person{ name:"andes",age:18}

b := Person{
        name: "andes",
        age :18,
        }

c := Person{
        name: "andes",
        age:18}
```

这是一种推荐的方法，一旦结构增加字段，则不用修改初始化语句。

> **注意**：如果上述两种结构的初始化语句结尾的"}"独占一行，则最后一个字段的后面一定要带上逗号。

（3）使用 new 创建内置函数，字段默认初始化为其类型的零值，返回值是指向结构的指针。例如：

```
p :=new(Person)
//此时 name 为""，age 是 0
```

这种方法不常用，一般使用 struct 都不会将所有字段初始化为零值。

（4）一次初始化一个字段。例如：

```
p := Person{}

p.name = "andes"
p.age = 18
```

这种方法不常用，这是一种结构化的编程思维，没有封装，违背了 struct 本身抽象封装的理念。

（5）使用构造函数进行初始化。

这是推荐的一种方法，当结构发生变化时，构造函数可以屏蔽细节。下面是标准库中 errors 的 New 函数示例。

```
//${GOROOT}/src/errors/errors.go
//New returns an error that formats as the given text.
func New(text string) error {
    return &errorString{text}
}

//errorString is a trivial implementation of error.
type errorString struct {
    s string
}
```

结构字段的特点

结构的字段可以是任意的类型，基本类型、接口类型、指针类型、函数类型都可以作为 struct 的字段。结构字段的类型名必须唯一，struct 字段类型可以是普通类型，也可以是指针。另外，结构支持内嵌自身的指针，这也是实现树形和链表等复杂数据结构的基础。例如：

```
//标准库 container/list

type Element struct {
    //指向自身类型的指针
    next, prev *Element
    list *List
    Value interface{}
}
```

匿名字段

在定义 struct 的过程中，如果字段只给出字段类型，没有给出字段名，则称这样的字段为"匿名字段"。被匿名嵌入的字段必须是命名类型或命名类型的指针，类型字面量不能作为匿名字段使用。匿名字段的字段名默认就是类型名，如果匿名字段是指针类型，则默认的字段名就是指针指向的类型名。但一个结构体里面不能同时存在某一类型及其指针类型的匿名字段，原因是二者的字段名相等。如果嵌入的字段来自其他包，则需要加上包名，并且必须是其他包可以导出的类型。示例如下：

```
//标准库${GOROOT}/src/os/type.go 内的一个匿名的指针字段
type File struct {
    *file // os specific
}
```

自定义接口类型

同理，1.6 节介绍的接口类型确切地说应该是接口字面量类型。本节介绍自定义接口类型。接口字面量是非命名类型，但自定义接口类型是命名类型。自定义接口类型同样使用 type 关键字声明。示例如下：

```
//interface{}是接口字面量类型标识，所以 i 是非命名类型变量
var i interface{}

//Reader 是自定义接口类型，属于命名类型
type Reader interface {
    Read(p []byte) (n int, err error)
}
```

关于接口的详细信息就先介绍到这里，有关接口的详细信息请阅读第 4 章。

3.2.2　方法

前面介绍了 Go 语言的类型系统和自定义类型，仅使用类型对数据进行抽象和封装还是不够的，本节介绍 Go 语言的类型方法。Go 语言的类型方法是一种对类型行为的封装。Go 语言的方法非常纯粹，可以看作特殊类型的函数，其显式地将对象实例或指针作为函数的第一个参数，并且参数名可以自己指定，而不强制要求一定是 this 或 self。这个对象实例或指针称为方法的接收者（reciever）。

为命名类型定义方法的语法格式如下：

```
//类型方法接收者是值类型
func (t TypeName)MethodName(ParamList)(Returnlist) {
    //method body
}
```

```
//类型方法接收者是指针
func (t *TypeName)MethodName(ParamList)(Returnlist) {
    //method body
}
```

说明：

- t 是接收者，可以自由指定名称。

- TypeName 为命名类型的类型名。

- MethodName 为方法名，是一个自定义标识符。

- ParamList 是形参列表。

- ReturnList 是返回值列表。

Go 语言的类型方法本质上就是一个函数，没有使用隐式的指针，这是 Go 的优点，简单明了。我们可以将类型的方法改写为常规的函数。示例如下：

```
//类型方法接收者是值类型
func TypName_MethodName(t TypeName, otherParamList)(Returnlist) {
    //method body
}
```

```
//类型方法接收者是指针
func TypName_MethodName(t *TypeName, otherParamList)(Returnlist) {
    //method body
}
```

```
//示例
type SliceInt []int

func (s SliceInt) Sum() int {
    sum := 0
    for _, i := range s {
        sum += i
    }
```

```
    return sum
}

//这个函数和上面的方法等价
func SliceInt_Sum(s SliceInt) int {
    sum := 0
    for _, i := range s {
        sum += i
    }
    return sum
}

    var s SliceInt = []int{1, 2, 3, 4}
    s.Sum()
    SliceInt_Sum(s)
```

类型方法有如下特点：

（1）可以为命名类型增加方法（除了接口），非命名类型不能自定义方法。

比如不能为[] int 类型增加方法，因为[]int 是非命名类型。命名接口类型本身就是一个方法的签名集合，所以不能为其增加具体的实现方法。

（2）为类型增加方法有一个限制，就是方法的定义必须和类型的定义在同一个包中。

不能再为 int bool 等预声明类型增加方法，因为它们是命名类型，但它们是 Go 语言内置的预声明类型，作用域是全局的，为这些类型新增的方法是在某个包中，这与第 2 条规则冲突，所以 Go 编译器拒绝为 int 增加方法。

（3）方法的命名空间的可见性和变量一样，大写开头的方法可以在包外被访问，否则只能在包内可见。

（4）使用 type 定义的自定义类型是一个新类型，新类型不能调用原有类型的方法，但是底层类型支持的运算可以被新类型继承。

```
type Map map[string]string

func (m Map) Print() {
    //底层类型支持的 range 运算，新类型可用
    for _, key := range m {
        fmt.Println(key)
    }
```

```
}

type MyInt int

func main() {
    var a MyInt = 10
    var b MyInt = 10

    //int 类型支持的加减乘除运算，新类型同样可用
    c := a + b
    d := a * b

    fmt.Printf("%d\n", c)
    fmt.Printf("%d\n", d)
}
```

3.3 方法调用

3.2 节讨论的类型方法本质上是函数，只是采用了一种特殊的语法书写。类型方法在调用上也很灵活，本节主要讨论类型方法的调用方式、方法集、方法变量和方法表达式。

3.3.1 一般调用

类型方法的一般调用方式：

```
TypeInstanceName.MethodName(ParamList)
```

- TypeInstanceName：类型实例名或指向实例的指针变量名；
- MethodName：类型方法名；
- ParamList：方法实参。

示例：

```
type T struct {
    a int
}

func (t T) Get() int {
```

```
    return t.a
}

func (t *T) Set(i int) {
    t.a = i
}

var t =&T{}

//普通方法调用
t.Set(2)

//普通方法调用
t.Get()
```

3.3.2　方法值（method value）

变量 x 的静态类型是 T，M 是类型 T 的一个方法，x.M 被称为方法值（method value）。x.M 是一个函数类型变量，可以赋值给其他变量，并像普通的函数名一样使用。例如：

```
f := x.M
f(args...)
```

等价于

```
x.M(args ...)
```

方法值（method value）其实是一个带有闭包的函数变量，其底层实现原理和带有闭包的匿名函数类似，接收值被隐式地绑定到方法值（method value）的闭包环境中。后续调用不需要再显式地传递接收者。例如：

```
type T struct {
    a int
}

func (t T) Get() int {
    return t.a
}
```

```
func (t *T) Set(i int) {
    t.a = i
}

func (t *T) Print() {
    fmt.Printf("%p, %v, %d \n", t, t, t.a)
}

var t =&T{}

//method value
f := t.Set

//方法值调用
f(2)
t.Print() //结果为 0xc4200140b8, &{2}, 2

//方法值调用
f(3)
t.Print() //结果为 0xc4200140b8, &{3}, 3
```

3.3.3 方法表达式（method expression）

方法表达式相当于提供一种语法将类型方法调用显式地转换为函数调用，接收者（receiver）必须显式地传递进去。下面定义一个类型 T，增加两个方法，方法 Get 的接收者为 T，方法 Set 的接收者类型为*T。

```
type T struct {
    a int
}

func (t *T) Set(i int) {
    t.a = i
}

func (t T) Get() int {
    return t.a
}
```

```
func (t *T) Print() {
    fmt.Printf("%p, %v, %d \n", t, t, t.a)
}
```

表达式 T.Get 和 (*T).Set 被称为方法表达式（method expression），方法表达式可以看作函数名，只不过这个函数的首个参数是接收者的实例或指针。T.Get 的函数签名是 func(t T) int，(*T).Set 的函数签名是 func(t *T, i int)。注意：这里的 T.Get 不能写成 (*T).Get，(*T).Set 也不能写成 T.Set，在方法表达式中编译器不会做自动转换。例如：

```
//如下方法表达式调用都是等价的
t := T{a:1}

//普通方法调用
t.Get(t)

//方法表达式调用
(T).Get(t)


//方法表达式调用
f1 := T.Get; f1(t)

//方法表达式调用
f2 := (T).Get; f2(t)

//如下方法表达式调用都是等价的
(*T).Set(&t, 1)
f3 := (*T).Set; f3(&t, 1)
```

通过方法值和方法表达式可以看到：Go 的方法底层是基于函数实现的，只是语法格式不同，本质是一样的。

3.3.4 方法集（method set）

命名类型方法接收者有两种类型，一个是值类型，另一个是指针类型，这个和函数是一样的，前者的形参是值类型，后者的形参是指针类型。无论接收者是什么类型，方法和函数的实参传递都是值拷贝。如果接收者是值类型，则传递的是值的副本；如果接收者是指针类型，则传递的是指针的副本。例如：

```go
package main

import "fmt"

type Int int

func (a Int) Max(b Int) Int {
    if a >= b {
        return a
    } else {
        return b
    }
}

func (i *Int) Set(a Int) {
    *i = a
}

func (i Int) Print() {
    fmt.Printf("value=%d\n", i)
}

func main() {
    var a Int = 10
    var b Int = 20

    c := a.Max(b)
    c.Print()        //value=20
    (&c).Print()     //value=20, 内部被编译器转换为 c.Print()

    a.Set(20)        //内部被编译器转化为(&a).Set(20)
    a.Print()        //value=20

    (&a).Set(30)
    a.Print()        //value=30
```

```
    }
```

上面示例定义了一个新类型 Int，新类型的底层类型是 int，Int 虽然不能继承 int 的方法，但底层类型支持的操作（算术运算和赋值运算）可以被上层类型继承，这是 Go 类型系统的一个特点。

接收者是 Int 类型的方法集合（method set）：

```
func (i Int) Print()
func (a Int) Max(b Int) Int
```

接收者是 *Int 类型的方法集合（method set）：

```
func (i *Int)Set(a Int)
```

为了简化描述，将接收者（receiver）为值类型 T 的方法的集合记录为 S，将接收者（receiver）为指针类型 *T 的方法的集合统称为 *S。类型的方法集总结如下：

（1）T 类型的方法集是 S。

（2）*T 类型的方法集是 S 和*S。

从上面的示例可以看出，在直接使用类型实例调用类型的方法时，无论值类型变量还是指针类型变量，都可以调用类型的所有方法，原因是编译器在编译期间能够识别出这种调用关系，做了自动的转换。比如 a.Set()使用值类型实例调用指针接收者方法，编译器会自动将其转换为 (&a).Set()，(&a).Print()使用指针类型实例调用值类型接收者方法，编译器自动将其转化为 a.Print()。

前面讲到的另外两种调用方法："方法的值"和"方法表达式"，编译器对这两种方法的调用处理也不相同，具体见接下来的介绍。

3.3.5 值调用和表达式调用的方法集

前面介绍方法集时我们知道，具体类型实例变量直接调用其方法时，编译器会所调用方法进行自动转换，即使接收者是指针的方法，仍然可以使用值类型变量进行调用。下面讨论在以下两种情况下编译器是否会进行方法的自动转换。

（1）通过类型字面量显式地进行值调用和表达式调用，可以看到在这种情况下编译器不会做自动转换，会进行严格的方法集检查。例如：

```
type Data struct{}

func (Data) TestValue()    {}
```

```
func (*Data) TestPointer() {}

//这种字面量显式调用，无论值调用，还是表达式调用，
//编译器都不会进行方法集的自动转换，编译器会严格校验方法集

//*Data 方法集是 TestPointer 和 TestValue
//Data 方法集只有 TestValue

(*Data)(&struct{}{}).TestPointer()  //显式的调用
(*Data)(&struct{}{}).TestValue()    //显式的调用

(Data)(struct{}{}).TestValue() //method value
Data.TestValue(struct{}{})     //method expression

//如下调用因为方法集和不匹配而失败
//Data.TestPoiter(struct{}{})         //type Data has no method TestPoiter
//(Data)(struct{}{}).TestPointer()    //cannot call pointer method on
Data(struct {} literal)
```

（2）通过类型变量进行值调用和表达式调用，在这种情况下，使用值调用（method value）方式调用时编译器会进行自动转换，使用表达式调用（method expression）方式调用时编译器不会进行转换，会进行严格的方法集检查。例如：

```
type Data struct{}

func (Data) TestValue()     {}
func (*Data) TestPointer() {}

//声明一个类型变量 a
var a Data = struct{}{}

//表达式调用编译器不会进行自动转换
Data.TestValue(a)
//Data.TestValue(&a)
(*Data).TestPointer(&a)
//Data.TestPointer(&a) //type Data has no method TestPointer

//值调用编译器会进行自动转换
```

```
f := a.TestValue
f()

y := (&a).TestValue //编译器帮助转换 a.TestValue
y()

g := a.TestPointer //会转换为(&a).TestPointer
g()

x := (&a).TestPointer
x()
```

3.4　组合和方法集

结构类型（struct）为 Go 提供了强大的类型扩展，主要体现在两个方面：第一，struct 可以嵌入任意其他类型的字段；第二，struct 可以嵌套自身的指针类型的字段。这两个特性决定了 struct 类型有着强大的表达力，几乎可以表示任意的数据结构。同时，结合结构类型的方法，"数据+方法"可以灵活地表达程序逻辑。

Go 语言的结构（struct）和 C 语言的 struct 一样，内存分配按照字段顺序依次开辟连续的存储空间，没有插入额外的东西（除字段对齐外），不像 C++那样为了实现多态在对象内存模型里插入了虚拟函数指针，这种设计的优点使数据和逻辑彻底分离，对象内存区只存放数据，干净简单；类型的方法也是显式带上接收者，没有像 C++一样使用隐式的 this 指针，这是一种优秀的设计方法。Go 中的数据就是数据，逻辑就是逻辑，二者是"正交"的，底层实现上没有相关性，在语言使用层又为开发者提供了统一的数据和逻辑抽象视图，这种外部统一、内部隔离的面向对象设计是 Go 语言优秀设计的体现。

3.4.1　组合

从前面讨论的命名类型的方法可知，使用 type 定义的新类型不会继承原有类型的方法，有个特例就是命名结构类型，命名结构类型可以嵌套其他的命名类型的字段，外层的结构类型是可以调用嵌入字段类型的方法，这种调用既可以是显式的调用，也可以是隐式的调用。这就是 Go 的"继承"，准确地说这就是 Go 的"组合"。因为 Go 语言没有继承的语义，结构和字段之间是"has a"的关系，而不是"is a"的关系；没有父子的概念，仅仅是整体和局部的概念，所以后续统称这种嵌套的结构和字段的关系为组合。

struct 中的组合非常灵活，可以表现为水平的字段扩展，由于 struct 可以嵌套其他 struct 字段，所以组合也可以分层次扩展。struct 类型中的字段称为"内嵌字段"，内嵌字段的访问和方法调用遵照的规约接下来进行讲解。

内嵌字段的初始化和访问

struct 的字段访问使用点操作符"."，struct 的字段可以嵌套很多层，只要内嵌的字段是唯一的即可，不需要使用全路径进行访问。在以下示例中，可以使用 z.a 代替 z.Y.X.a。

```
package main

type X struct {
    a int
}

type Y struct {
    X
    b int
}

type Z struct {
    Y
    c int
}

func main() {

    x := X{a: 1}

    y := Y{
        X: x,
        b: 2,
    }

    z := Z{
        Y: y,
        c: 3,
    }

    //z.a、z.Y.a、z.Y.X.a 三者是等价的，z.a z.Y.a 是 z.Y.X.a 的简写
```

```
    println(z.a, z.Y.a, z.Y.X.a) //1 1 1

    z = Z{}

    z.a = 2
    println(z.a, z.Y.a, z.Y.X.a) //2 2 2

}
```

在 struct 的多层嵌套中，不同嵌套层次可以有相同的字段，此时最好使用完全路径进行访问和初始化。在实际数据结构的定义中应该尽量避开相同的字段，以免在使用中出现歧义。例如：

```
package main

type X struct {
    a int
}

type Y struct {
    X
    a int
}

type Z struct {
    Y
    a int
}

func main() {
    x := X{a: 1}

    y := Y{
        X: x,
        a: 2,
    }

    z := Z{
        Y: y,
        a: 3,
```

```
    }

    //此时的 z.a、z.Y.a、z.Y.X.a 代表不同的字段
     println(z.a, z.Y.a, z.Y.X.a) // 3 2 1


     z = Z{}
     z.a = 4
     z.Y.a = 5
     z.Y.X.a = 6

    //此时的 z.a、z.Y.a、z.Y.X.a 代表不同的字段
     println(z.a, z.Y.a, z.Y.X.a)// 4 5 6
}
```

内嵌字段的方法调用

　　struct 类型方法调用也使用点操作符，不同嵌套层次的字段可以有相同的方法，外层变量调用内嵌字段的方法时也可以像嵌套字段的访问一样使用简化模式。如果外层字段和内层字段有相同的方法，则使用简化模式访问外层的方法会覆盖内层的方法。即在简写模式下，Go 编译器优先从外向内逐层查找方法，同名方法中外层的方法能够覆盖内层的方法。这个特性有点类似于面向对象编程中，子类覆盖父类的同名方法。示例如下：

```
package main

import "fmt"

type X struct {
    a int
}

type Y struct {
    X
    b int
}

type Z struct {
    Y
    c int
```

```go
}

func (x X) Print() {
    fmt.Printf("In X, a=%d\n", x.a)
}

func (x X) XPrint() {
    fmt.Printf("In X, a=%d\n", x.a)
}

func (y Y) Print() {
    fmt.Printf("In Y, b=%d\n", y.b)
}

func (z Z) Print() {
    fmt.Printf("In Z, c=%d \n", z.c)

    //显式的完全路径调用内嵌字段的方法
    z.Y.Print()
    z.Y.X.Print()
}

func main() {
    x := X{a: 1}

    y := Y{
        X: x,
        b: 2,
    }

    z := Z{
        Y: y,
        c: 3,
    }

    //从外向内查找，首先找到的是 Z 的 Print()方法
    z.Print()
```

```
//从外向内查找，最后找到的是 X 的 XPrint() 方法
z.XPrint()
z.Y.XPrint()

}
```

不推荐在多层的 struct 类型中内嵌多个同名的字段；但是并不反对 struct 定义和内嵌字段同名方法的用法，因为这提供了一种编程技术，使得 struct 能够重写内嵌字段的方法，提供面向对象编程中子类覆盖父类的同名方法的功能。

3.4.2　组合的方法集

组合结构的方法集有如下规则：

（1）若类型 S 包含匿名字段 T，则 S 的方法集包含 T 的方法集。

（2）若类型 S 包含匿名字段 *T，则 S 的方法集包含 T 和 *T 方法集。

（3）不管类型 S 中嵌入的匿名字段是 T 还是 *T，*S 方法集总是包含 T 和 *T 方法集。

下面举个例子来验证这个规则的正确性，3.4.1 节讲到方法集时提到 Go 编译器会对方法调用进行自动转换，为了阻止自动转换，本示例使用方法表达的调用方式，这样能更清楚地理解这个方法集的规约。

```
package main

type X struct {
    a int
}

type Y struct {
    X
}

type Z struct {
    *X
}

func (x X) Get() int {
    return x.a
```

```go
}

func (x *X) Set(i int) {
    x.a = i
}

func main() {

    x := X{a: 1}

    y := Y{
        X: x,
    }

    println(y.Get()) // 1

    //此处编译器做了自动转换
    y.Set(2)
    println(y.Get()) // 2

    //为了不让编译器做自动转换，使用方法表达式调用方式
    //Y 内嵌字段 X，所以 type Y 的方法集是 Get，type *Y 的方法集是 Set Get
    (*Y).Set(&y, 3)

    //type Y 的方法集合并没有 Set 方法，所以下一句编译不能通过
    //Y.Set(y, 3)

    println(y.Get()) // 3

    z := Z{
        X: &x,
    }

    //按照嵌套字段的方法集的规则
    //Z 内嵌字段*X，所以 type Z 和 type *Z 方法集都包含类型 X 定义的方法 Get 和 Set

    //为了不让编译器做自动转换，仍然使用方法表达式调用方式
    Z.Set(z, 4)
```

```
    println(z.Get()) // 4

    (*Z).Set(&z, 5)
    println(z.Get()) // 5

}
```

到目前为止还没有发现方法集有多大的用途，而且通过实践发现，Go 编译器会进行自动转换，看起来不需要太关注方法集，这种认识是错误的。编译器的自动转换仅适用于直接通过类型实例调用方法时才有效，类型实例传递给接口时，编译器不会进行自动转换，而是会进行严格的方法集校验。

Go 函数的调用实参都是值拷贝，方法调用参数传递也是一样的机制，具体类型变量传递给接口时也是值拷贝，如果传递给接口变量的是值类型，但调用方法的接收者是指针类型，则程序运行时虽然能够将接收者转换为指针，但这个指针是副本的指针，并不是我们期望的原变量的指针。所以语言设计者为了杜绝这种非期望的行为，在编译时做了严格的方法集合的检查，不允许产生这种调用；如果传递给接口的变量是指针类型，则接口调用的是值类型的方法，程序运行时能够自动转换为值类型，这种转换不会带来副作用，符合调用者的预期，所以这种转换是允许的，而且这种情况符合方法集的规约。具体类型传递给接口时编译器会进行严格的方法集校验，掌握了方法集的概念在后续章节学习接口时非常有用。

3.5 函数类型

在对 Go 的类型系统做了全面的讲解后，本节对函数类型进行全面深入的介绍。首先介绍"有名函数"和"匿名函数"两个概念。使用 `func FunctionName()` 语法格式定义的函数我们称为"有名函数"，这里所谓的有名是指函数在定义时指定了"函数名"；与之对应的是"匿名函数"，所谓的匿名函数就是在定义时使用 `func()` 语法格式，没有指定函数名。通常所说的函数就是指"有名函数"。

函数类型也分两种，一种是函数字面量类型（未命名类型），另一种是函数命名类型。

函数字面量类型

函数字面量类型的语法表达格式是 `func(InputTypeList)OutputTypeList`，可以看出"有名函数"和"匿名函数"的类型都属于函数字面量类型。有名函数的定义相当于初始化一个函数字面量类型后将其赋值给一个函数名变量；"匿名函数"的定义也是直接初始化一个函数字面量类型，只是没有绑定到一个具体变量上。从 Go 类型系统的角度来看，"有名函数"和"匿名函数"都是函数字面量类型的实例。

函数命名类型

从前面章节知道可以使用 `type NewType OldType` 语法定义一种新类型，这种类型都是命名类型，同理可以使用该方法定义一种新类型：函数命名类型，简称函数类型。例如：

```
type NewFuncType FuncLiteral
```

依据 Go 语言类型系统的概念，NewFuncType 为新定义的函数命名类型，FuncLiteral 为函数字面量类型，FuncLiteral 为函数类型 NewFuncType 的底层类型。当然也可以使用 type 在一个函数类型中再定义一个新的函数类型，这种用法在语法上是允许的，但很少这么使用。例如：

```
type NewFuncType OldFuncType
```

函数签名

有了上面的基础，函数签名就比较好理解了，所谓"函数签名"就是"有名函数"或"匿名函数"的字面量类型。所以有名函数和匿名函数的函数签名可以相同，函数签名是函数的"字面量类型"，不包括函数名。

函数声明

Go 语言没有 C 语言中函数声明的语义，准确地说，Go 代码调用 Go 编写的函数不需要声明，可以直接调用，但 Go 调用汇编语言编写的函数还是要使用函数声明语句，示例如下。这里讨论的函数声明主要是为 4.1 节中接口的方法声明做铺垫。

```
//函数声明=函数名+函数签名

//函数签名
func (InputTypeList)OutputTypeList

//函数声明
func FuncName (InputTypeList)OutputTypeList
```

下面通过一个具体的示例来说明上述概念。

```
//有名函数定义, 函数名是add
//add 类型是函数字面量类型 func (int,int) int
func add(a,b int) int {
 return a+b
}

//函数声明语句, 用于Go代码调用汇编代码
```

```
func add(int,int) int

//add 函数的签名，实际上就是 add 的字面量类型
func (int,int) int

//匿名函数不能独立存在，常作为函数参数、返回值，或者赋值给某个变量
//匿名函数可以直接显式初始化
//匿名函数的类型也是函数字面量类型 func (int,int) int
func (a,b int) int {
 return a+b
}

//新定义函数类型 ADD
//ADD 底层类型是函数字面量类型 func (int,int) int

type ADD func (int,int) int

//add 和 ADD 的底层类型相同，并且 add 是字面量类型
//所以 add 可直接赋值给 ADD 类型的变量 g
var g ADD = add


func main() {
    f := func(a, b int) int {
        return a + b
    }

    g(1,2)
    f(1,2)

    //f 和 add 的函数签名相同
    fmt.Printf("%T\n", f) // func(int, int) int
    fmt.Printf("%T\n", add) // func(int, int) int


}
```

前面谈到字面量类型是一种未命名类型（unnamed type），其不能定义自己的方法，所以必须显式地使用 type 声明一个有名函数类型，然后为其添加方法。通常说的函数类型就是指有名函数类型，"函数签名"是指函数的字面量类型，在很多地方把函数类型和函数签名等价使用，

这是不严谨的。由类型转换的规则可知：这两种类型的底层类型相同，并且其中一个是字面量类型，二者是可以相互转换的。下面来看一下经典的 http 标准库对函数类型的实现，进一步理解这种用法。

```
//src/net/http/server.go

//定义一个有名函数类型 HandlerFunc
type HandlerFunc func(ResponseWriter, *Request)

//为有名的函数类型添加方法
//这是一种包装器的编程技法
//ServeHTTP calls f(w, r).
func (f HandlerFunc) ServeHTTP(w ResponseWriter, r *Request) {
    f(w, r)
}

//函数类型 HandlerFunc 实现了接口 Handler 的方法
type Handler interface {
    ServeHTTP(ResponseWriter, *Request)
}

func (mux *ServeMux) Handle(pattern string, handler Handler)

//所以 HandlerFunc 类型的变量可以传递给 Handler 接口变量
func (mux *ServeMux) HandleFunc(pattern string, handler func(ResponseWriter,
*Request)) {
    mux.Handle(pattern, HandlerFunc(handler))
}
```

通过 http 标准库里面对于函数类型的使用，我们可以看到函数类型的如下意义：

（1）函数也是一种类型，可以在函数字面量类型的基础上定义一种命名函数类型。

（2）有名函数和匿名函数的函数签名与命名函数类型的底层类型相同，它们之间可以进行类型转换。

（3）可以为有名函数类型添加方法，这种为一个函数类型添加方法的技法非常有价值，可以方便地为一个函数增加"拦截"或"过滤"等额外功能，这提供了一种装饰设计模式。

（4）为有名函数类型添加方法，使其与接口打通关系，使用接口的地方可以传递函数类型的变量，这为函数到接口的转换开启了大门。

第 4 章
接口

接口是一个编程规约，也是一组方法签名的集合。Go 的接口是非侵入式的设计，也就是说，一个具体类型实现接口不需要在语法上显式地声明，只要具体类型的方法集是接口方法集的超集，就代表该类型实现了接口，编译器在编译时会进行方法集的校验。接口是没有具体实现逻辑的，也不能定义字段。

变量和实例

变量在传统的概念里有两层含义：变量的值和变量的类型，很难和类型的方法产生联想。我们使用"实例"这个概念，"实例"里面蕴含着变量值、变量类型和附着在类型上的方法等语义。"实例"和面向对象编程中的"对象"的概念相似，后续如无特殊说明，我们使用"实例"来代表具体类型的变量；接口变量只有值和类型的概念，所以接口类型变量仍然称为接口变量，接口内部存放的具体类型变量被称为接口指向的"实例"。接口只有声明没有实现，所以定义一个新接口，通常又变成声明一个新接口，定义接口和声明接口二者通用，代表相同的意思。

空接口

最常使用的接口字面量类型就是空接口 `interface{}`，由于空接口的方法集为空，所以任意类型都被认为实现了空接口，任意类型的实例都可以赋值或传递给空接口，包括非命名类型的实例。

> **注意：** 非命名类型由于不能定义自己的方法，所以方法集为空，因此其类型变量除了传
> 递给空接口，不能传递给任何其他接口。

4.1 基本概念

4.1.1 接口声明

Go 语言的接口分为接口字面量类型和接口命名类型，接口的声明使用 interface 关键字。
接口字面量类型的声明语法如下：

```
interface {
    MethodSignature1
    MethodSignature2
}
```

接口命名类型使用 type 关键字声明，语法如下：

```
type InterfaceName interface {
    MethodSignature1
    MethodSignature2
}
```

使用接口字面量的场景很少，一般只有空接口 interface{} 类型变量的声明才会使用。空接
口会在 4.3 节介绍。

接口定义大括号内可以是方法声明的集合，也可以嵌入另一个接口类型匿名字段，还可以
是二者的混合。接口支持嵌入匿名接口字段，就是一个接口定义里面可以包括其他接口，Go 编
译器会自动进行展开处理，有点类似 C 语言中宏的概念。例如：

```
type Reader interface {
    Read(p []byte) (n int, err error)
}


type Writer interface {
    Write(p []byte) (n int, err error)
}


//如下 3 种声明是等价的，最终的展开模式都是第 3 种格式
```

```
type ReadWriter interface {
    Reader
    Writer
}

type ReadWriter interface {
    Reader
    Write(p []byte) (n int, err error)
}

type ReadWriter interface {
    Read(p []byte) (n int, err error)
    Write(p []byte) (n int, err error)
}
```

方法声明

由函数和类型系统章节可知：Go 中的函数没有使用"函数声明"，类型的方法本质上就是函数的一种特殊形式。我们提到了"方法声明"的概念，而不是使用"方法签名"。这里有必要澄清一下这两个概念：严格意义上的函数签名是函数的字面量类型，函数签名是不包括函数名的，而函数声明是指带上函数名的函数签名。同理，对于方法也是一样，接口定义使用方法声明，而不是方法签名，因为方法名是接口的组成部分（相关概念可以参见 3.5 节函数类型）。例如：

```
//方法声明=方法名+方法签名
MethodName (InputTypeList)OutputTypeList
```

接口中的"方法声明"非常类似于 C 语言中的函数声明的概念，Go 编译器在做接口匹配判断时是严格校验方法名称和方法签名的。

声明新接口类型的特点

（1）接口的命名一般以"er"结尾。

（2）接口定义的内部方法声明不需要 func 引导。

（3）在接口定义中，只有方法声明没有方法实现。

4.1.2 接口初始化

单纯地声明一个接口变量没有任何意义，接口只有被初始化为具体的类型时才有意义。接口作为一个胶水层或抽象层，起到抽象和适配的作用。没有初始化的接口变量，其默认值是 nil。
例如：

```
var i io.Reader
fmt.Printf("%T\n", i) //<nil>
```

接口绑定具体类型的实例的过程称为接口初始化。接口变量支持两种直接初始化方法，具
体如下。

实例赋值接口

如果具体类型实例的方法集是某个接口的方法集的超集，则称该具体类型实现了接口，可
以将该具体类型的实例直接赋值给接口类型的变量，此时编译器会进行静态的类型检查。接口
被初始化后，调用接口的方法就相当于调用接口绑定的具体类型的方法，这就是接口调用的语
义。

接口变量赋值接口变量

已经初始化的接口类型变量 a 直接赋值给另一种接口变量 b，要求 b 的方法集是 a 的方法
集的子集。此时 Go 编译器会在编译时进行方法集静态检查。这个过程也是接口初始化的一种
方式，此时接口变量 b 绑定的具体实例是接口变量 a 绑定的具体实例的副本。例如：

```
file, _ := os.OpenFile("notes.txt", os.O_RDWR|os.O_CREATE, 0755)


var rw io.ReadWriter = file
//io.ReadWriter 接口可以直接赋值给 io.Writer 接口变量
var w io.Writer = rw
```

4.1.3　接口方法调用

接口方法调用和普通的函数调用是有区别的。接口方法调用的最终地址是在运行期决定的，
将具体类型变量赋值给接口后，会使用具体类型的方法指针初始化接口变量，当调用接口变量
的方法时，实际上是间接地调用实例的方法。接口方法调用不是一种直接的调用，有一定的运
行时开销（具体分析见 4.4.3 节）。

直接调用未初始化的接口变量的方法会产生 panic。例如：

```
package main


type Printer interface {
    Print()
```

```
}

type S struct{}

func (s S) Print() {
    println("print")
}


func main() {
    var i Printer

    //没有初始化的接口调用其方法会产生 panic
    //panic: runtime error: invalid memory address or nil pointer dereference
    //i.Print()

    //必须初始化
    i = S{}
    i.Print()
}
```

4.1.4 接口的动态类型和静态类型

动态类型

接口绑定的具体实例的类型称为接口的动态类型。接口可以绑定不同类型的实例，所以接口的动态类型是随着其绑定的不同类型实例而发生变化的。

静态类型

接口被定义时，其类型就已经被确定，这个类型叫接口的静态类型。接口的静态类型在其定义时就被确定，静态类型的本质特征就是接口的方法签名集合。两个接口如果方法签名集合相同（方法的顺序可以不同），则这两个接口在语义上完全等价，它们之间不需要强制类型转换就可以相互赋值。原因是 Go 编译器校验接口是否能赋值，是比较二者的方法集，而不是看具体接口类型名。a 接口的法集为 A，b 接口的法集为 B，如果 B 是 A 的子集合，则 a 的接口变量可以直接赋值给 B 的接口变量。反之，则需要用到 4.2 节要讲的接口类型断言。

4.2　接口运算

接口是一个抽象的类型，接口像一层胶水，可以灵活地解耦软件的每一个层次，基于接口编程是 Go 语言编程的基本思想。在介绍接口应用场景之前，先系统地介绍接口支持的运算，除了 4.1 节已经介绍的接口变量的初始化，有时我们需要知道已经初始化的接口变量绑定的具体实例是什么类型，以及这个具体实例是否还实现了其他接口，这就要用到本节介绍的接口类型断言和接口类型查询。

从 4.1 节接口初始化中已经了解到：已经初始化的接口类型变量 a 直接赋值给另一种接口变量 b，要求 b 的方法集是 a 的方法集的子集，如果 b 的方法集不是 a 的方法集的子集，此时如果直接将 a 赋值给接口变量（b = a），则编译器在做静态检查时会报错。此种情况下要想确定接口变量 a 指向的实例是否满足接口变量 b，就需要检查运行时的接口类型。

除了上面这种情景，编程过程中有时需要确认已经初始化的接口变量指向实例的具体类型是什么，也需要检查运行时的接口类型。

Go 语言提供两种语法结构来支持这两种需求，分别是类型断言和接口类型查询。

4.2.1　类型断言（Type Assertion）

接口类型断言的语法形式如下：

```
i.(TypeNname)
```

i 必须是接口变量，如果是具体类型变量，则编译器会报 non-interface type xxx on left，TypeNname 可以是接口类型名，也可以是具体类型名。

接口断言的两层语义

（1）如果 TypeNname 是一个具体类型名，则类型断言用于判断接口变量 i 绑定的实例类型是否就是具体类型 TypeNname。

（2）如果 TypeName 是一个接口类型名，则类型断言用于判断接口变量 i 绑定的实例类型是否同时实现了 TypeName 接口。

接口断言的两种语法表现

直接赋值模式如下：

```
o := i.(TypeName)
```

语义分析：

（1）TypeName 是具体类型名，此时如果接口 i 绑定的实例类型就是具体类型 TypeName，则变量 o 的类型就是 TypeName，变量 o 的值就是接口绑定的实例值的副本（当然实例可能是指针值，那就是指针值的副本）。

（2）TypeName 是接口类型名，如果接口 i 绑定的实例类型满足接口类型 TypeName，则变量 o 的类型就是接口类型 TypeName，o 底层绑定的具体类型实例是 i 绑定的实例的副本（当然实例可能是指针值，那就是指针值的副本）。

（3）如果上述两种情况都不满足，则程序抛出 panic。

示例如下：

```
package main

import "fmt"

type Inter interface {
    Ping()
    Pang()
}

type Anter interface {
    Inter
    String()
}

type St struct {
    Name string
}

func (St) Ping() {
    println("ping")
}
func (*St) Pang() {
    println("pang")
}

func main() {
    st := &St{"andes"}
    var i interface{} = st
```

```
    //判断 i 绑定的实例是否实现了接口类型 Inter
    o := i.(Inter)
    o.Ping()
    o.Pang()

    //如下语句会引发 panic，因为 i 没有实现接口 Anter
    //p := i.(Anter)
    //p.String()

    //判断 i 绑定的实例是否就是具体类型 St
    s := i.(*St)
    fmt.Printf("%s", s.Name)

}
```

comma,ok 表达式模式如下：

```
if o, ok := i.(TypeName); ok {

}
```

语义分析：

（1）TypeName 是具体类型名，此时如果接口 i 绑定的实例类型就是具体类型 TypeName，则 ok 为 true，变量 o 的类型就是 TypeName，变量 o 的值就是接口绑定的实例值的副本（当然实例可能是指针值，那就是指针值的副本）。

（2）TypeName 是接口类型名，此时如果接口 i 绑定的实例的类型满足接口类型 TypeName，则 ok 为 true，变量 o 的类型就是接口类型 TypeName，o 底层绑定的具体类型实例是 i 绑定的实例的副本（当然实例可能是指针值，那就是指针值的副本）。

（3）如果上述两个都不满足，则 ok 为 false，变量 o 是 TypeName 类型的"零值"，此种条件分支下程序逻辑不应该再去引用 o，因为此时的 o 没有意义。

示例如下：

```
package main

import "fmt"

type Inter interface {
```

```go
    Ping()
    Pang()
}

type Anter interface {
    Inter
    String()
}

type St struct {
    Name string
}

func (St) Ping() {
    println("ping")
}
func (*St) Pang() {
    println("pang")
}

func main() {
    st := &St{"andes"}
    var i interface{} = st

    //判断 i 绑定的实例是否实现了接口类型 Inter
    if o, ok := i.(Inter); ok {
        o.Ping() //ping
        o.Pang() //pang
    }

    if p, ok := i.(Anter); ok {
        //i 没有实现接口 Anter，所以程序不会执行到这里
        p.String()
    }

    //判断 i 绑定的实例是否就是具体类型 St
    if s, ok := i.(*St); ok {
        fmt.Printf("%s", s.Name) //andes
```

```
    }

}
```

4.2.2　类型查询（Type Switches）

接口类型查询的语法格式如下：

```
switch v := i.(type) {
case type1:
    xxxx
case type2:
    xxxx
default:
    xxxx
```

语义分析

接口查询有两层语义，一是查询一个接口变量底层绑定的底层变量的具体类型是什么，二是查询接口变量绑定的底层变量是否还实现了其他接口。

（1）i 必须是接口类型。

具体类型实例的类型是静态的，在类型声明后就不再变化，所以具体类型的变量不存在类型查询，类型查询一定是对一个接口变量进行操作。也就是说，上文中的 i 必须是接口变量，如果 i 是未初始化接口变量，则 v 的值是 nil。例如：

```
        var i io.Reader
        switch v := i.(type) {  //此处 i 是为未初始化的接口变量，所以 v 为 nil
        case nil:
            fmt.Printf("%T\n", v) //<nil>
        default:
            fmt.Printf("default")
        }
```

（2）case 字句后面可以跟非接口类型名，也可以跟接口类型名，匹配是按照 case 子句的顺序进行的。

- 如果 case 后面是一个接口类型名，且接口变量 i 绑定的实例类型实现了该接口类型的方法，则匹配成功，v 的类型是接口类型，v 底层绑定的实例是 i 绑定具体类型实例的副本。例如：

```
f, err := os.OpenFile("notes.txt", os.O_RDWR|os.O_CREATE, 0755)
if err != nil {
    log.Fatal(err)
}
defer f.Close()

var i io.Reader = f

switch v := i.(type) {

//i的绑定的实例是*osFile类型，实现了io.ReadWriter接口，所以case匹配成功
case io.ReadWriter:
    //v是io.ReadWriter接口类型，所以可以调用Write方法
    v.Write([]byte("io.ReadWriter\n"))

//由于上一个case已经匹配，就算这个case也匹配，也不会走到这里
case *os.File:
    v.Write([]byte("*os.File\n"))
    v.Sync()

default:
    return
}
```

- 如果 case 后面是一个具体类型名，且接口变量 i 绑定的实例类型和该具体类型相同，则匹配成功，此时 v 就是该具体类型变量，v 的值是 i 绑定的实例值的副本。例如：

```
f, err := os.OpenFile("notes.txt", os.O_RDWR|os.O_CREATE, 0755)
if err != nil {
    log.Fatal(err)
}
defer f.Close()

var i io.Reader = f

switch v := i.(type) {

//匹配成功，v的类型就是具体类型*os.File
case *os.File:
```

```
        v.Write([]byte("*os.File\n"))
        v.Sync()

    //由于上一个 case 已经匹配，就算这个 case 也匹配，也不会走到这里
    case io.ReadWriter:
        v.Write([]byte("io.ReadWriter\n"))
    default:
        return
    }
```

- 如果 case 后面跟着多个类型，使用逗号分隔，接口变量 i 绑定的实例类型只要和其中一个类型匹配，则直接使用 o 赋值给 v，相当于 v:=o。这个语法有点奇怪，按理说编译器不应该允许这种操作，语言实现者可能想让 type switch 语句和普通的 switch 语句保持一样的语法规则，允许发生这种情况。例如：

```
    f, err := os.OpenFile("notes.txt", os.O_RDWR|os.O_CREATE, 0755)
    if err != nil {
        log.Fatal(err)
    }
    defer f.Close()

    var i io.Reader = f
    switch v := i.(type) {

    //多个类型，f 满足其中任何一个就算匹配
    case *os.File, io.ReadWriter:
        //此时相当于执行 v := i，v 和 i 是等价的，使用 v 没有意义
        if v == i {
            fmt.Println(true) //true
        }
    default:
        return
    }
```

- 如果所有的 case 字句都不满足，则执行 default 语句，此时执行的仍然是 v:=o，最终 v 的值是 o。此时使用 v 没有任何意义。
- **fallthrough** 语句不能在 Type Switch 语句中使用。

注意

Go 和很多标准库使用如下的格式：

```
switch i := i.(type) {

    }
```

这种使用方式存在争议：首先在 switch 语句块内新声明局部变量 i 覆盖原有的同名变量 i 不是一种好的编程方式，其次如果类型匹配成功，则 i 的类型就发生了变化，如果没有匹配成功，则 i 还是原来的接口类型。除非使用者对这种模糊语义了如指掌，不然很容易出错，所以不建议使用这种方式。

推荐的方式是将 i.(type)赋值给一个新变量：

```
switch v := i.(type) {

    }
```

类型查询和类型断言

（1）类型查询和类型断言具有相同的语义，只是语法格式不同。二者都能判断接口变量绑定的实例的具体类型，以及判断接口变量绑定的实例是否满足另一个接口类型。

（2）类型查询使用 case 字句一次判断多个类型，类型断言一次只能判断一个类型，当然类型断言也可以使用 if else if 语句达到同样的效果。

4.2.3　接口优点和使用形式

接口优点

（1）解耦：复杂系统进行垂直和水平的分割是常用的设计手段，在层与层之间使用接口进行抽象和解耦是一种好的编程策略。Go 的非侵入式的接口使层与层之间的代码更加干净，具体类型和实现的接口之间不需要显式声明，增加了接口使用的自由度。

（2）实现泛型：由于现阶段 Go 语言还不支持泛型，使用空接口作为函数或方法参数能够用在需要泛型的场景中。

接口使用形式

接口类型是"第一公民"，可以用在任何使用变量的地方，使用灵活，方便解耦，主要使用在如下地方：

（1）作为结构内嵌字段。

（2）作为函数或方法的形参。

（3）作为函数或方法的返回值。

（4）作为其他接口定义的嵌入字段。

4.3　空接口

4.3.1　基本概念

没有任何方法的接口，我们称之为空接口。空接口表示为 interface{}。系统中任何类型都符合空接口的要求，空接口有点类似于 Java 语言中的 Object。不同之处在于，Go 中的基本类型 int、float 和 string 也符合空接口。Go 的类型系统里面没有类的概念，所有的类型都是一样的身份，没有 Java 里面对基本类型的开箱和装箱操作，所有的类型都是统一的。Go 语言的空接口有点像 C 语言中的 void *，只不过 void *是指针，而 Go 语言的空接口内部封装了指针而已。

4.3.2　空接口的用途

空接口和泛型

Go 语言没有泛型，如果一个函数需要接收任意类型的参数，则参数类型可以使用空接口类型，这是弥补没有泛型的一种手段。例如：

```
//典型的就是 fmt 标准包里面的 print 函数
func Fprint(w io.Writer, a ...interface{}) (n int, err error)
```

空接口和反射

空接口是反射实现的基础，反射库就是将相关具体的类型转换并赋值给空接口后才去处理，相关的内容在反射章节有详细的介绍。

4.3.3　空接口和 nil

空接口不是真的为空，接口有类型和值两个概念，这个在 4.4 节有详细的介绍，在反射章节也有相应的介绍。

下面举一个简单的例子：

```
package main

import "fmt"

type Inter interface {
    Ping()
    Pang()
}

type St struct{}

func (St) Ping() {
    println("ping")
}
func (*St) Pang() {
    println("pang")
}

func main() {
    var st *St = nil
    var it Inter = st

    fmt.Printf("%p\n", st)
    fmt.Printf("%p\n", it)

    if it != nil {
        it.Pang()

        //下面的语句会导致 panic
        //方法转换为函数调用，第一个参数是 St 类型，由于*St 是 nil，无法获取指针所指的
        //对象值，所以导致 panic
        //it.Ping()
    }
}
```

程序结果：

```
0x0
0x0
pang
```

这个程序暴露出 Go 语言的一点瑕疵，`fmt.Printf("%p\n", it)` 的结果是 0x0，但 it != nil 的判断结果却是 true。空接口有两个字段，一个是实例类型，另一个是指向绑定实例的指针，只有两个都为 nil 时，空接口才为 nil。

4.4 接口内部实现

毫无疑问，接口是 Go 语言类型系统的灵魂，是 Go 语言实现多态和反射的基础。Duck 类型的接口完全解耦接口和具体实现者。前几节介绍了接口的基本概念和用法，定义接口只需简单声明一个方法集合即可，定义新类型时不需要显式地声明要实现的接口，接口的使用也很简单。但这一切语言特性的背后是语言设计者的智慧：把复杂留给自己，把简单留给用户。

接口的底层是如何实现的？如何实现动态调用？接口的动态调用到底有多大的额外开销？本节将深入接口的实现中一探究竟。

语言的底层实现向来比较复杂，涉及很多细节东西，想把复杂的问题讲清楚不是一件容易的事情。笔者不会论述接口实现的每一个细节，而是努力帮助读者在头脑中建立一个接口运行的动态视图。为了达到这个目的，使用了如下技术手段：

（1）从语言运行时中抽取部分源码，讲解接口实现中涉及的基本数据结构。

（2）从反汇编的代码上分析接口实现机制。

（3）从编译的可执行文件中寻找线索。

以上这些技术手段需要读者具备 Go 接口的基础知识，了解 Go 语言汇编基础和函数调用规约，对 ELF 可执行文件格式有基本了解。本节内容有点偏底层，有一定的难度，如果阅读起来有困难，不要气馁，可以先跳过去，有时间再慢慢读。

4.4.1 数据结构

从前面章节了解到，接口变量必须初始化才有意义，没有初始化的接口变量的默认值是 nil，没有任何意义。具体类型实例传递给接口称为接口的实例化。在接口的实例化的过程中，编译器通过特定的数据结构描述这个过程。首先介绍非空接口的内部数据结构，空接口的底层更简单，放到最后介绍。

非空接口的底层数据结构是 iface，代码位于 src/runtime/runtime2.go 中。

iface 数据结构

非空接口初始化的过程就是初始化一个 iface 类型的结构，示例如下：

```
//src/runtime/runtime2.go

type iface struct {
    tab  *itab    //itab 存放类型及方法指针信息
    data unsafe.Pointer //数据信息
}
```

可以看到 iface 结构很简单，有两个指针类型字段。

- itab：用来存放接口自身类型和绑定的实例类型及实例相关的函数指针，具体内容后面有详细介绍。

- 数据指针 data：指向接口绑定的实例的副本，接口的初始化也是一种值拷贝。

data 指向具体的实例数据，如果传递给接口的是值类型，则 data 指向的是实例的副本，如果传递给接口的是指针类型，则 data 指向指针的副本。总而言之，无论接口的转换，还是函数调用，Go 遵循一样的规则——值传递。

接下来看一下 itab 数据结构，itab 是接口内部实现的核心和基础。示例如下：

```
//src/runtime/runtime2.go
type itab struct {
    inter *interfacetype //接口自身的静态类型
    _type *_type  //_type 就是接口存放的具体实例的类型（动态类型）
    //hash 存放具体类型的 Hash 值
    hash  uint32 // copy of _type.hash. Used for type switches.
    _     [4]byte
    fun   [1]uintptr // variable sized. fun[0]==0 means _type does not
implement inter.
}
```

itab 有 5 个字段：

- inner 是指向接口类型元信息的指针。

- _type 是指向接口存放的具体类型元信息的指针，iface 里的 data 指针指向的是该类型的值。一个是类型信息，另一个是类型的值。

- hash 是具体类型的 Hash 值，_type 里面也有 hash，这里冗余存放主要是为了接口断言或类型查询时快速访问。

- **fun** 是一个函数指针，可以理解为 C++对象模型里面的虚拟函数指针，这里虽然只有一个元素，实际上指针数组的大小是可变的，编译器负责填充，运行时使用底层指针进行访问，不会受 struct 类型越界检查的约束，这些指针指向的是具体类型的方法。

itab 这个数据结构是非空接口实现动态调用的基础，itab 的信息被编译器和链接器保存了下来，存放在可执行文件的只读存储段（.rodata）中。itab 存放在静态分配的存储空间中，不受 GC 的限制，其内存不会被回收。

接下来介绍_type 数据结构，Go 语言是一种强类型的语言，编译器在编译时会做严格的类型校验。所以 Go 必然为每种类型维护一个类型的元信息，这个元信息在运行和反射时都会用到，Go 语言的类型元信息的通用结构是_type（代码位于 src/runtime/type.go），其他类型都是以_type 为内嵌字段封装而成的结构体。

```
//src/runtime/type.go
type _type struct {
    size       uintptr  //大小
    ptrdata    uintptr //size of memory prefix holding all pointers
    hash       uint32  //类型 Hash
    tflag      tflag   //类型的特征标记
    align      uint8   //_type 作为整体变量存放时的对齐字节数
    fieldalign uint8    //当前结构字段的对齐字节数
    kind       uint8 //基础类型枚举值和反射中的 Kind 一致，kind 决定了如何解析该类型
    alg        *typeAlg //指向一个函数指针表，该表有两个函数，一个是计算类型 Hash 函
                        //数，另一个是比较两个类型是否相同的 equal 函数
    //gcdata stores the GC type data for the garbage collector.
    //If the KindGCProg bit is set in kind, gcdata is a GC program.
    //Otherwise it is a ptrmask bitmap. See mbitmap.go for details.
    gcdata     *byte   //GC 相关信息
    str        nameOff //str 用来表示类型名称字符串在编译后二进制文件中某个 section
                       //的偏移量
                       //由链接器负责填充
    ptrToThis typeOff//ptrToThis 用来表示类型元信息的指针在编译后二进制文件中某个
                       //section 的偏移量
                       //由链接器负责填充
}
```

_type 包含所有类型的共同元信息，编译器和运行时可以根据该元信息解析具体类型、类型名存放位置、类型的 Hash 值等基本信息。

这里需要说明一下：_type 里面的 nameOff 和 typeOff 最终是由链接器负责确定和填充的，它们都是一个偏移量（offset），类型的名称和类型元信息实际上存放在连接后可执行文件的某个段（section）里，这两个值是相对于段内的偏移量，运行时提供两个转换查找函数。例如：

```
//src/runtime/type.go
//获取_type 的 name
func resolveNameOff(ptrInModule unsafe.Pointer, off nameOff) name {}

//获取_type 的副本
func resolveTypeOff(ptrInModule unsafe.Pointer, off typeOff) *_type {}
```

注意：

Go 语言类型元信息最初由编译器负责构建，并以表的形式存放在编译后的对象文件中，再由链接器在链接时进行段合并、符号重定向（填充某些值）。这些类型信息在接口的动态调用和反射中被运行时引用。

接下来看一下接口的类型元信息的数据结构。示例如下：

```
//描述接口的类型
type interfacetype struct {
    typ     _type //类型通用部分
    pkgpath name  //接口所属包的名字信息，name 内存放的不仅有名称，还有描述信息
    mhdr    []imethod //接口的方法
}

//接口方法元信息
type imethod struct {
    name nameOff //方法名在编译后的 section 里面的偏移量
    ityp typeOff //方法类型在编译后的 section 里面的偏移量
}
```

4.4.2　接口调用过程分析

前面讨论了接口内部的基本数据结构，本节就来跟踪接口实例化和动态调用过程，使用 Go 源码和反汇编代码相结合的方式进行研究。如下是一段非常简单的接口调用代码。

```
//iface.go
1 package main
2
```

```
 3 type Caler interface {
 4     Add(a, b int) int
 5     Sub(a, b int) int
 6 }
 7
 8 type Adder struct{ id int }
 9
10 //go:noinline
11 func (adder Adder) Add(a, b int) int { return a + b }
12
13 //go:noinline
14 func (adder Adder) Sub(a, b int) int { return a - b }
15
16 func main() {
17     var m Caler = Adder{id: 1234}
18     m.Add(10, 32)
19 }
```

生成汇编代码：

```
go build -gcflags="-S -N -l" iface.go >iface.s 2>&1
```

接下来分析 main 函数的汇编代码，非关键逻辑已经去掉：

```
"".main STEXT size=151 args=0x0 locals=0x40
    ...
    0x000f 00015 (src/iface.go:16)  SUBQ    $64, SP
    0x0013 00019 (src/iface.go:16)  MOVQ    BP, 56(SP)
    0x0018 00024 (src/iface.go:16)  LEAQ    56(SP), BP
```

为 main 函数堆栈开辟空间并保存原来的 BP 指针，这是函数调用前编译器的固定动作。

var m Caler = Adder{id: 1234} 语句汇编代码分析：

```
    0x001d 00029 (src/iface.go:17)  MOVQ    $0, ""..autotmp_1+32(SP)
    0x0026 00038 (src/iface.go:17)  MOVQ    $1234, ""..autotmp_1+32(SP)
```

在堆栈上初始化局部对象 Adder，先初始化为 0，后初始化为 1234。

```
    0x002f 00047 (src/iface.go:17)  LEAQ    go.itab."".Adder,"".Caler(SB),
AX
    0x0036 00054 (src/iface.go:17)  MOVQ    AX, (SP)
```

这两条语句非常关键，首先 LEAQ 指令是一个获取地址的指令，go.itab."".Adder,"".Caler(SB)是一个全局符号引用，通过该符号能够获取 4.4.1 节介绍的接口初始化时 itab 数据结构的地址。注意：这个标号在链接器链接的过程中会替换为具体的地址。我们知道(SP)里面存放的是指向 itab(Caler,Adder)的元信息的地址，这里(SP)是函数调用第一个参数的位置。示例如下：

```
0x003a 00058 (src/iface.go:17) LEAQ    ""..autotmp_1+32(SP), AX
0x003f 00063 (src/iface.go:17) MOVQ    AX, 8(SP)
0x0044 00068 (src/iface.go:17) PCDATA  $0, $0
```

复制刚才的 Adder 类型对象的地址到 8(SP)，8(SP)是函数调用的第二个参数位置。示例如下：

```
0x0044 00068 (src/iface.go:17) CALL    runtime.convT2I64(SB)
```

runtime.convT2I64 函数是运行时接口动态调用的核心函数。runtime 中有一类这样的函数，看一下 runtime.convT2I64 的源码：

```
func convT2I64(tab *itab, elem unsafe.Pointer) (i iface) {
    t := tab._type
    if raceenabled {
        raceReadObjectPC(t,  elem,  getcallerpc(unsafe.Pointer(&tab)),
funcPC(convT2I64))
    }
    if msanenabled {
        msanread(elem, t.size)
    }
    var x unsafe.Pointer
    if *(*uint64)(elem) == 0 {
        x = unsafe.Pointer(&zeroVal[0])
    } else {
        x = mallocgc(8, t, false)
        *(*uint64)(x) = *(*uint64)(elem)
    }
    i.tab = tab
    i.data = x
    return
}
```

从上述源码可以清楚地看出，runtime.convT2I64 的两个参数分别是*itab 和 unsafe.Pointer

类型，这两个参数正是上文传递进去的两个参数值：go.itab."".Adder,"".Caler(SB) 和指向 Adder 对象复制的指针。runtime.convT2I64 的返回值是一个 iface 数据结构，其意义就是根据 itab 元信息和对象值复制的指针构建和初始化 iface 数据结构，iface 数据结构是实现接口动态调用的关键。至此已经完成了接口初始化的工作，即完成了 iface 数据结构的构建过程。下一步就是接口方法调用了。示例如下：

```
0x0049 00073 (src/iface.go:17)   MOVQ    24(SP), AX
0x004e 00078 (src/iface.go:17)   MOVQ    16(SP), CX
0x0053 00083 (src/iface.go:17)   MOVQ    CX, "".m+40(SP)
0x0058 00088 (src/iface.go:17)   MOVQ    AX, "".m+48(SP)
```

16(SP)和 24(SP)存放的是函数 runtime.convT2I64 的返回值，分别是指向 itab 和 data 的指针，将指向 itab 的指针复制到 40(SP)，将指向对象 data 的指针复制到 48(SP)位置。

m.Add(10, 32) 对应的汇编代码如下：

```
1   0x005d 00093 (src/iface.go:18)   MOVQ    "".m+40(SP), AX
2   0x0062 00098 (src/iface.go:18)   MOVQ    32(AX), AX
3   0x0066 00102 (src/iface.go:18)   MOVQ    "".m+48(SP), CX
4   0x006b 00107 (src/iface.go:18)   MOVQ    $10, 8(SP)
5   0x0074 00116 (src/iface.go:18)   MOVQ    $32, 16(SP)
6   0x007d 00125 (src/iface.go:18)   MOVQ    CX, (SP)
7   0x0081 00129 (src/iface.go:18)   PCDATA  $0, $0
8   0x0081 00129 (src/iface.go:18)   CALL    AX
```

第 1 条指令是将 itab 的指针（位于 40(SP)）复制到 AX 寄存器。第 2 条指令是 AX 将 itab 的偏移 32 字节的值复制到 AX。再来看一下 itab 的数据结构：

```
type itab struct {
    inter *interfacetype
    _type * _type
    link  *itab
    hash  uint32   //copy of _type.hash. Used for type switches.
    bad   bool     //type does not implement interface
    inhash bool    //has this itab been added to hash?
    unused [2]byte
    fun   [1]uintptr //variable sized
}
```

32(AX)正好是函数指针的位置，即存放 Adder *Add()方法指针的地址（注意：编译器将接收者为值类型的 Add 方法转换为指针的 Add 方法,编译器的这种行为是为了方便调用和优化)。

第 3 条指令和第 6 条指令是将对象指针作为接下来函数调用的第 1 个参数。

第 4 条和第 5 条指令是准备函数的第 2、第 3 个参数。

第 8 条指令是调用 Adder 类型的 Add 方法。

此函数调用时,对象的值的副本作为第 1 个参数,调用格式可以表述为 `func(reciver, param1, param2)`。

至此,整个接口的动态调用完成。从中可以清楚地看到,接口的动态调用分为两个阶段:

- 第一阶段就是构建 iface 动态数据结构,这一阶段是在接口实例化的时候完成的,映射到 Go 语句就是 `var m Caler = Adder{id: 1234}`。

- 第二阶段就是通过函数指针间接调用接口绑定的实例方法的过程,映射到 Go 语句就是 `m.Add(10, 32)`。

接下来看一下 `go.itab."".Adder,"".Caler(SB)` 这个符号在哪里?我们使用 readelf 工具来静态地分析编译后的 ELF 格式的可执行程序。例如:

```
#编译
#go build -gcflags="-N -l" iface.go
#readelf -s -W iface |egrep 'itab'
    60:000000000047b220   0 OBJECT  LOCAL   DEFAULT  5 runtime.itablink
    61:000000000047b230   0 OBJECT  LOCAL   DEFAULT  5   runtime.eitablink
    88:00000000004aa100  48 OBJECT  GLOBAL  DEFAULT  8   go.itab.main.
Adder, main.Caler
   214: 00000000004aa080 40 OBJECT  GLOBAL  DEFAULT  8   go.itab.runtime.
errorString,error
   418: 00000000004095e0 1129 FUNC   GLOBAL  DEFAULT     1 runtime.getitab
   419: 0000000000409a50 1665 FUNC   GLOBAL  DEFAULT     1 runtime.additab
   420: 000000000040a0e0 257  FUNC   GLOBAL  DEFAULT     1 runtime.itabsinit
```

可以看到符号表里面 `go.itab.main.Adder,main.Caler` 对应本程序里面 itab 的元信息,它被存放在第 8 个段中。我们来看一下第 8 个段是什么段?

```
#readelf -S -W iface |egrep '\[ 8\]|Nr'
  [Nr] Name      Type      Address        Off   Size   ES Flg Lk Inf Al
  [ 8] .noptrdata  PROGBITS  00000000004aa000 0aa000 000a78 00  WA  0  0
32
```

可以看到这个接口动态转换的数据元信息存放在.noptrdata 段中,它是由链接器负责初始化的。可以进一步使用 dd 工具读取并分析其内容,本书就不再继续深入这个细节,留给感兴趣的读者继续分析。

4.4.3　接口调用代价

4.4.2 节讨论了接口动态调用过程，这个过程有两部分多余时耗，一个是接口实例化的过程，也就是 iface 结构建立的过程，一旦实例化后，这个接口和具体类型的 itab 数据结构是可以复用的；另一个是接口的方法调用，它是一个函数指针的间接调用。同时我们应考虑到接口调用是一种动态的计算后的跳转调用，这对现代的计算机 CPU 的执行很不友好，会导致 CPU 缓存失效和分支预测失败，这也有一部分的性能损失。当然最直接的办法就是对比测试，看看接口动态调用的性能损失到底有多大。

测试用例

直接选用 GitHub 上的一个测试用例，稍作改写，代码如下。

```go
package main

import (
    "testing"
)

type identifier interface {
    idInline() int32
    idNoInline() int32
}

type id32 struct{ id int32 }

func (id *id32) idInline() int32 { return id.id }

//go:noinline
func (id *id32) idNoInline() int32 { return id.id }

var escapeMePlease *id32

//主要作用是强制变量内存在 heap 上分配
//go:noinline
func escapeToHeap(id *id32) identifier {
```

```
        escapeMePlease = id
        return escapeMePlease
    }

//直接调用
func BenchmarkMethodCall_direct(b *testing.B) { //
    var myID int32

    b.Run("single/noinline", func(b *testing.B) {
        m := escapeToHeap(&id32{id: 6754}).(*id32)
        b.ResetTimer()
        for i := 0; i < b.N; i++ {
            // CALL "".(*id32).idNoInline(SB)
            // MOVL 8(SP), AX
            // MOVQ "".&myID+40(SP), CX
            // MOVL AX, (CX)
            myID = m.idNoInline()
        }
    })
    b.Run("single/inline", func(b *testing.B) {
        m := escapeToHeap(&id32{id: 6754}).(*id32)
        b.ResetTimer()
        for i := 0; i < b.N; i++ {
            // MOVL (DX), SI
            // MOVL SI, (CX)
            myID = m.idInline()
        }
    })
} //

//接口调用
func BenchmarkMethodCall_interface(b *testing.B) { //
    var myID int32

    b.Run("single/noinline", func(b *testing.B) {
        m := escapeToHeap(&id32{id: 6754})
        b.ResetTimer()
        for i := 0; i < b.N; i++ {
```

```
                // MOVQ 32(AX), CX
                // MOVQ "".m.data+40(SP), DX
                // MOVQ DX, (SP)
                // CALL CX
                // MOVL 8(SP), AX
                // MOVQ "".&myID+48(SP), CX
                // MOVL AX, (CX)
                myID = m.idNoInline()
            }
        })
        b.Run("single/inline", func(b *testing.B) {
            m := escapeToHeap(&id32{id: 6754})
            b.ResetTimer()
            for i := 0; i < b.N; i++ {
                // MOVQ 24(AX), CX
                // MOVQ "".m.data+40(SP), DX
                // MOVQ DX, (SP)
                // CALL CX
                // MOVL 8(SP), AX
                // MOVQ "".&myID+48(SP), CX
                // MOVL AX, (CX)
                myID = m.idInline()
            }
        })

    } //


func main() {}
```

测试过程和结果

```
//直接调用
#go test -bench='BenchmarkMethodCall_direct/single/noinline' -cpu=1
-count=5 iface_bench_test.go
goos: linux
goarch: amd64
BenchmarkMethodCall_direct/single/noinline   2000000000    2.00 ns/op
BenchmarkMethodCall_direct/single/noinline   2000000000    1.97 ns/op
BenchmarkMethodCall_direct/single/noinline   2000000000    1.97 ns/op
```

```
BenchmarkMethodCall_direct/single/noinline    2000000000    1.94 ns/op
BenchmarkMethodCall_direct/single/noinline    2000000000    1.97 ns/op
PASS
ok      command-line-arguments  20.682s
```

```
//接口调用
#go test -bench='BenchmarkMethodCall_interface/single/noinline' -cpu=1
-count=5 iface_bench_test.go
    goos: linux
    goarch: amd64
    BenchmarkMethodCall_interface/single/noinline    1000000000    2.18 ns/op
    BenchmarkMethodCall_interface/single/noinline    1000000000    2.16 ns/op
    BenchmarkMethodCall_interface/single/noinline    1000000000    2.17 ns/op
    BenchmarkMethodCall_interface/single/noinline    1000000000    2.15 ns/op
    BenchmarkMethodCall_interface/single/noinline    1000000000    2.16 ns/op
    PASS

ok      command-line-arguments  11.930s
```

结果分析

直接调用平均时耗为 1.97ns/op，接口调用的平均时耗为 2.16ns/op，（2.16–1.97）/1.97 约等于 9.64%。可以看到测试结果符合预期，每次迭代接口要慢 0.19ns，大约有 9% 的性能损失。但是要清楚这个百分比并不能真实地反映接口的效率问题，首先调用的方法是一个很简单的方法，方法的耗时占比很小，无形中放大了接口调用的耗时。如果方法里面有复杂的逻辑，则真实的性能损失远远小于 9%。从绝对值的角度来看更合理，那就是每次接口调用大约比直接调用慢 0.2ns，从这个角度看，动态调用的性能损失几乎可以忽略不计。

4.4.4　空接口数据结构

4.3 节我们了解到空接口 interface{}是没有任何方法集的接口，所以空接口内部不需要维护和动态内存分配相关的数据结构 itab。空接口只关心存放的具体类型是什么，具体类型的值是什么。所以空接口的底层数据结构也很简单，具体如下：

```
//go/src/runtime/runtime2.go

//空接口
type eface struct {
    _type *_type
```

```
    data  unsafe.Pointer
}
```

从 eface 的数据结构可以看出，空接口不是真的为空，其保留了具体实例的类型和值拷贝，即便存放的具体类型是空的，空接口也不是空的。

由于空接口自身没有方法集，所以空接口变量实例化后的真正用途不是接口方法的动态调用。空接口在 Go 语言中真正的意义是支持多态。有如下几种方式使用了空接口（将空接口类型还原）：

（1）通过接口类型断言。

（2）通过接口类型查询。

（3）通过反射。

接口类型断言和接口类型查询在前面章节有详细介绍，第 6 章会对反射进行详细的介绍。

至此，接口内部实现原理全部讲完，读者在了解和学习接口内部实现的知识的同时，更应该学习和思考分析过程中的方法和技巧。使用该方法可以继续分析接口断言、接口查询和接口赋值的内部实现机制，这些内容留给读者去完成。

第 5 章
并发

大家都听说过摩尔定律，就是单位面积集成电路所容纳的晶体管数量每隔 18～24 个月会增加一倍。然而硅类圆晶的材质有物理极限值，10nm 以下很难再有指数级别的突破了（虽然截止本书写作时工业界已经实现了 7nm 工艺的商用）。从 2016 年 4 月份开始，半导体行业研发规划蓝图不再参照摩尔定律。可以预测单颗 CPU 的性能因为工艺和功耗的原因已经很难再有指数级的提升，未来多核是主要的发展方向。硬件对软件领域的影响显而易见，软件的并发和并行处理也是未来的方向。

现有的软件对并发的支持不是很友好，Go 语言就是在这个背景下诞生的，本章重点介绍 Go 语言的并发编程的特性。先介绍语言语法对并发编程的支持，然后介绍常用的并发编程范式，最后介绍 context 标准库和 Go 语言并发调度模型。

5.1 并发基础

5.1.1 并发和并行

并发和并行是两个不同的概念：

- 并行意味着程序在任意时刻都是同时运行的；
- 并发意味着程序在单位时间内是同时运行的。

并行就是在任一粒度的时间内都具备同时执行的能力：最简单的并行就是多机，多台机器并行处理；SMP 表面上看是并行的，但由于是共享内存，以及线程间的同步等，不可能完全做到并行。

并发是在规定的时间内多个请求都得到执行和处理，强调的是给外界的感觉，实际上内部可能是分时操作的。并发重在避免阻塞，使程序不会因为一个阻塞而停止处理。并发典型的应用场景：分时操作系统就是一种并发设计（忽略多核 CPU）。

并行是硬件和操作系统开发者重点考虑的问题，作为应用层的程序员，唯一可以选择的就是充分借助操作系统提供的 API 和程序语言特性，结合实际需求设计出具有良好并发结构的程序，提升程序的并发处理能力。现代操作系统能够提供的最基础的并发模型就是多线程和多进程；编程语言这一层级可以进一步封装来提升程序的并发处理能力。

在当前的计算机体系下：并行具有瞬时性，并发具有过程性；并发在于结构，并行在于执行。应用程序具备好的并发结构，操作系统才能更好地利用硬件并行执行，同时避免阻塞等待，合理地进行调度，提升 CPU 利用率。应用层程序员提升程序并发处理能力的一个重要手段就是为程序设计良好的并发结构。

5.1.2 goroutine

操作系统可以进行线程和进程的调度，本身具备并发处理能力，但进程切换代价还是过于高昂，进程切换需要保存现场，耗费较多的时间。如果应用程序能在用户层再构筑一级调度，将并发的粒度进一步降低，是不是可以更大限度地提升程序运行效率呢？Go 语言的并发就是基于这个思想实现的。Go 语言在语言层面支持这种并发模式。

Go 语言的并发执行体称为 goroutine，routine 的英文翻译是例程，所以 goroutine 叫 Go 例程更合理。为了保证"原汁原味"，如无特殊说明，后续统一使用 goroutine 这个原始名称。Go 语言通过 go 关键字来启动一个 goroutine。注意：go 关键字后面必须跟一个函数，不能是语句或其他东西，函数的返回值被忽略。

- 通过 go+匿名函数形式启动 goroutine，代码如下：

```go
package main

import (
    "runtime"
    "time"
)
```

```go
func main() {
    go func() {
        sum := 0
        for i := 0; i < 10000; i++ {
            sum += i
        }
        println(sum)
        time.Sleep(1 * time.Second)
    }()

    //NumGoroutine 可以返回当前程序的 goroutine 数目
    println("NumGoroutine=", runtime.NumGoroutine())

    //main goroutine 故意"sleep"5秒，防止其提前退出
    time.Sleep(5 * time.Second)
}

//程序结果

NumGoroutine= 2
49995000
```

- 通过 go+有名函数形式启动 goroutine，代码如下：

```go
package main

import (
    "runtime"
    "time"
)

func sum() {
    sum := 0
    for i := 0; i < 10000; i++ {
        sum += i
    }
    println(sum)
    time.Sleep(1 * time.Second)
}
```

```
func main() {
    go sum()
    //NumGoroutine 可以返回当前程序的 goroutine 数目
    println("NumGoroutine=", runtime.NumGoroutine())

    //main goroutine 故意 "sleep" 5秒，防止其提前退出
    time.Sleep(5 * time.Second)
}

//程序执行结果
NumGoroutine= 2
49995000
```

goroutine 有如下特性：

- go 的执行是非阻塞的，不会等待。

- go 后面的函数的返回值会被忽略。

- 调度器不能保证多个 goroutine 的执行次序。

- 没有父子 goroutine 的概念，所有的 goroutine 是平等地被调度和执行的。

- Go 程序在执行时会单独为 main 函数创建一个 goroutine，遇到其他 go 关键字时再去创建其他的 goroutine。

- Go 没有暴露 goroutine id 给用户，所以不能在一个 goroutine 里面显式地操作另一个 goroutine，不过 runtime 包提供了一些函数访问和设置 goroutine 的相关信息。

1. func GOMAXPROCS

func GOMAXPROCS(n int) int 用来设置或查询可以并发执行的 goroutine 数目，n 大于 1 表示设置 GOMAXPROCS 值，否则表示查询当前的 GOMAXPROCS 值。例如：

```
package main

import "runtime"

func main() {
    //获取当前的 GOMAXPROCS 值
    println("GOMAXPROCS=", runtime.GOMAXPROCS(0))
```

```
    //设置 GOMAXPROCS 的值为 2
    runtime.GOMAXPROCS(2)

    //获取当前的 GOMAXPROCS 值
    println("GOMAXPROCS=", runtime.GOMAXPROCS(0))
}
```

2. func Goexit

`func Goexit()` 是结束当前 goroutine 的运行，Goexit 在结束当前 goroutine 运行之前会调用当前 goroutine 已经注册的 defer。Goexit 并不会产生 panic，所以该 goroutine defer 里面的 recover 调用都返回 nil。

3. func Gosched

`func Gosched()` 是放弃当前调度执行机会，将当前 goroutine 放到队列中等待下次被调度。

只有 goroutine 还是不够的，多个 goroutine 之间还需要通信、同步、协同等，这些内容在后面逐个介绍。

5.1.3　chan

chan 是 Go 语言里面的一个关键字，是 channel 的简写，翻译为中文就是通道。goroutine 是 Go 语言里面的并发执行体，通道是 goroutine 之间通信和同步的重要组件。Go 的哲学是 "不要通过共享内存来通信，而是通过通信来共享内存"，通道是 Go 通过通信来共享内存的载体。

通道是有类型的，可以简单地把它理解为有类型的管道。声明一个简单的通道语句是 chan dataType，但是简单声明一个通道变量没有任何意义，a 并没有初始化，其值是 nil。Go 语言提供一个内置函数 make 来创建通道。例如：

```
//创建一个无缓冲的通道，通道存放元素的类型为 datatype
make(chan datatype )

//创建一个有 10 个缓冲的通道，通道存放元素的类型为 datatype
make(chan datatype, 10)
```

通道分为无缓冲的通道和有缓冲的通道，Go 提供内置函数 len 和 cap，无缓冲的通道的 len 和 cap 都是 0，有缓冲的通道的 len 代表没有被读取的元素数，cap 代表整个通道的容量。无缓冲的通道既可以用于通信，也可以用于两个 goroutine 的同步，有缓冲的通道主要用于通信。

5.1.2 节示例代码中，为避免 main goroutine 过早退出，特意 "sleep" 一段时间。有了通道后，可以使用无缓冲的通道来实现 goroutines 之间的同步等待。例如：

```go
package main

import (
    "runtime"
)

func main() {
    c := make(chan struct{})
    go func(i chan struct{}) {
        sum := 0
        for i := 0; i < 10000; i++ {
            sum += i
        }
        println(sum)
        //写通道
        c <- struct{}{}
    }(c)

    //NumGoroutine 可以返回当前程序的 goroutine 数目
    println("NumGoroutine=", runtime.NumGoroutine())

    //读通道 c，通过通道进行同步等待
    <-c
}

//执行结果

NumGoroutine= 2
49995000
```

goroutine 运行结束后退出，写到缓冲通道中的数据不会消失，它可以缓冲和适配两个 goroutine 处理速率不一致的情况，缓冲通道和消息队列类似，有削峰和增大吞吐量的功能。

示例如下：

```go
package main

import (
```

```
    "runtime"
    //"time"
)

func main() {
    c := make(chan struct{})
    ci := make(chan int, 100)
    go func(i chan struct{}, j chan int) {
        for i := 0; i < 10; i++ {
            ci <- i
        }
        close(ci)
        //写通道
        c <- struct{}{}
    }(c, ci)

    //NumGoroutine 可以返回当前程序的 goroutine 数目
    println("NumGoroutine=", runtime.NumGoroutine())

    //读通道 c，通过通道进行同步等待
    <-c

    //此时 ci 通道已经关闭，匿名函数启动的 goroutine 已经退出
    println("NumGoroutine=", runtime.NumGoroutine())

    //但通道 ci 还可以继续读取
    for v := range ci {
        println(v)
    }
}
```

操作不同状态的 chan 会引发三种行为。

panic

（1）向已经关闭的通道写数据会导致 panic。

最佳实践是由写入者关闭通道，能最大程度地避免向已经关闭的通道写数据而导致的 panic。

（2）重复关闭的通道会导致 panic。

阻塞

（1）向未初始化的通道写数据或读数据都会导致当前 goroutine 的永久阻塞。

（2）向缓冲区已满的通道写入数据会导致 goroutine 阻塞。

（3）通道中没有数据，读取该通道会导致 goroutine 阻塞。

非阻塞

（1）读取已经关闭的通道不会引发阻塞，而是立即返回通道元素类型的零值，可以使用 comma,ok 语法判断通道是否已经关闭。

（2）向有缓冲且没有满的通道读/写不会引发阻塞。

5.1.4　WaitGroup

前面我们讲了 goroutine 和 chan，一个用于并发，另一个用于通信。没有缓冲的通道具有同步的功能，除此之外，sync 包也提供了多个 goroutine 同步的机制，主要是通过 WaitGroup 实现的。

主要数据结构和操作如下：

```
type WaitGroup struct {
        // contains filtered or unexported fields
}

//添加等待信号
func (wg *WaitGroup) Add(delta int)

//释放等待信号
func (wg *WaitGroup) Done()

//等待
func (wg *WaitGroup) Wait()
```

WaitGroup 用来等待多个 goroutine 完成，main goroutine 调用 Add 设置需要等待 goroutine 的数目，每一个 goroutine 结束时调用 Done()，Wait()被 main 用来等待所有的 goroutine 完成。

下面的程序演示如何使用 sync.WaitGroup 完成多个 goroutine 之间的协同工作。

```
package main
```

```
import (
    "net/http"
    "sync"
)

var wg sync.WaitGroup
var urls = []string{
    "http://www.golang.org/",
    "http://www.google.com/",
    "http://www.qq.com/",
}

func main() {
    for _, url := range urls {

        //每一个 URL 启动一个 goroutine, 同时给 wg 加 1
        wg.Add(1)

        //Launch a goroutine to fetch the URL.
        go func(url string) {
            //当前 goroutine 结束后给 wg 计数减 1, wg.Done() 等价于 wg.Add(-1)
            //defer wg.Add(-1)
            defer wg.Done()

            //发送 HTTP get 请求并打印 HTTP 返回码
            resp, err := http.Get(url)
            if err == nil {
                println(resp.Status)
            }
        }(url)
    }
    //等待所有请求结束
    wg.Wait()
}

//执行结果

200 OK
```

```
200 OK
200 OK
```

5.1.5 select

select 是类 UNIX 系统提供的一个多路复用系统 API，Go 语言借用多路复用的概念，提供了 select 关键字，用于多路监听多个通道。当监听的通道没有状态是可读或可写的，select 是阻塞的；只要监听的通道中有一个状态是可读或可写的，则 select 就不会阻塞，而是进入处理就绪通道的分支流程。如果监听的通道有多个可读或可写的状态，则 select 随机选取一个处理。示例如下：

```
package main

func main() {
    ch := make(chan int, 1)
    go func(chan int) {
        for {
            select {
            //0 或 1 的写入是随机的
            case ch <- 0:
            case ch <- 1:
            }
        }
    }(ch)
    for i := 0; i < 10; i++ {
        println(<-ch)
    }

}
//运行结果
0
0
1
0
0
1
0
```

```
1
1
0
```

5.1.6　扇入（Fan in）和扇出（Fan out）

编程中经常遇到"扇入和扇出"两个概念，所谓的扇入是指将多路通道聚合到一条通道中处理，Go 语言最简单的扇入就是使用 select 聚合多条通道服务；所谓的扇出是指将一条通道发散到多条通道中处理，在 Go 语言里面具体实现就是使用 go 关键字启动多个 goroutine 并发处理。

中国有句经典的哲学名句叫"分久必合，合久必分"，软件的设计和开发也遵循同样的哲学思想，扇入就是合，扇出就是分。当生产者的速度很慢时，需要使用扇入技术聚合多个生产者满足消费者，比如很耗时的加密/解密服务；当消费者的速度很慢时，需要使用扇出技术，比如 Web 服务器并发请求处理。扇入和扇出是 Go 并发编程中常用的技术。

5.1.7　通知退出机制

读取已经关闭的通道不会引起阻塞，也不会导致 panic，而是立即返回该通道存储类型的零值。关闭 select 监听的某个通道能使 select 立即感知这种通知，然后进行相应的处理，这就是所谓的退出通知机制（close channel to broadcast）。5.3 节介绍的 context 标准库就是利用这种机制处理更复杂的通知机制的，退出通知机制是学习使用 context 库的基础。

下面通过一个随机数生成器的示例演示退出通知机制，下游的消费者不需要随机数时，显式地通知生产者停止生产。

```go
package main

import (
    "fmt"
    "math/rand"
    "runtime"
)

//GenerateIntA 是一个随机数生成器
func GenerateIntA(done chan struct{}) chan int {
    ch := make(chan int)
    go func() {
    Lable:
```

```
        for {
            select {
            case ch <- rand.Int():
            //增加一路监听，就是对退出通知信号 done 的监听
            case <-done:
                break Lable
            }
        }
        //收到通知后关闭通道 ch
        close(ch)
    }()
    return ch
}

func main() {

    done := make(chan struct{})
    ch := GenerateIntA(done)

    fmt.Println(<-ch)
    fmt.Println(<-ch)

    //发送通知，告诉生产者停止生产
    close(done)

    fmt.Println(<-ch)
    fmt.Println(<-ch)

    //此时生产者已经退出
    println("NumGoroutine=", runtime.NumGoroutine())

}

//运行结果
5577006791947779410
8674665223082153551
6129484611666145821
0
```

```
NumGoroutine= 1
```

5.2　并发范式

本节通过具体的程序示例来演示 Go 语言强大的并发处理能力，每个示例代表一个并发处理范式，这些范式具有典型的特征，在真实的程序中稍加改造就能使用。

5.2.1　生成器

在应用系统编程中，常见的应用场景就是调用一个统一的全局的生成器服务，用于生成全局事务号、订单号、序列号和随机数等。Go 对这种场景的支持非常简单，下面以一个随机数生成器为例来说明。

（1）最简单的带缓冲的生成器。例如：

```go
package main

import (
        "fmt"
        "math/rand"
)

func GenerateIntA()chan int {
        ch := make(chan int ,10)
        //启动一个goroutine用于生成随机数，函数返回一个通道用于获取随机数
        go func(){
        for {
                ch<-rand.Int()
        }
        }()
        return ch
}

func main(){
        ch := GenerateIntA()
        fmt.Println(<-ch)
        fmt.Println(<-ch)
}
```

（2）多个 goroutine 增强型生成器。例如：

```go
package main

import (
    "fmt"
    "math/rand"
)

func GenerateIntA() chan int {
    ch := make(chan int, 10)
    go func() {
        for {
            ch <- rand.Int()
        }
    }()
    return ch
}

func GenerateIntB() chan int {
    ch := make(chan int, 10)
    go func() {
        for {
            ch <- rand.Int()
        }
    }()
    return ch
}

func GenerateInt() chan int {
    ch := make(chan int, 20)
    go func() {
        for {
            //使用 select 的扇入技术（Fan in）增加生成的随机源
            select {
            case ch <- <-GenerateIntA():
            case ch <- <-GenerateIntB():
            }
```

```
    }
    }()
    return ch
}

func main() {
    ch := GenerateInt()

    for i := 0; i < 100; i++ {
        fmt.Println(<-ch)
    }
}
```

（3）有时希望生成器能够自动退出，可以借助 Go 通道的退出通知机制（close channel to broadcast）实现。例如：

```
package main

import (
    "fmt"
    "math/rand"
)

func GenerateIntA(done chan struct{}) chan int {
    ch := make(chan int)
    go func() {
    Lable:
        for {
            //通过 select 监听一个信号 chan 来确定是否停止生成
            select {
            case ch <- rand.Int():
            case <-done:
                break Lable
            }
        }
        close(ch)
    }()
    return ch
}
```

```go
func main() {
    done := make(chan struct{})
    ch := GenerateIntA(done)

    fmt.Println(<-ch)
    fmt.Println(<-ch)

    //不再需要生成器，通过 close chan 发送一个通知给生成器
    close(done)
    for v := range ch {
        fmt.Println(v)
    }
}
```

（4）一个融合了并发、缓冲、退出通知等多重特性的生成器。例如：

```go
package main

import (
    "fmt"
    "math/rand"
)

//done 接收通知退出信号
func GenerateIntA(done chan struct{}) chan int {
    ch := make(chan int, 5)

    go func() {
    Lable:
        for {
            select {
            case ch <- rand.Int():
            case <-done:
                break Lable
            }
        }
        close(ch)
    }()
```

```
    return ch
}


//done 接收通知退出信号
func GenerateIntB(done chan struct{}) chan int {
    ch := make(chan int, 10)

    go func() {
    Lable:
        for {
            select {
            case ch <- rand.Int():
            case <-done:
                break Lable
            }
        }
        close(ch)
    }()
    return ch
}


//通过 select 执行扇入（Fan in）操作
func GenerateInt(done chan struct{}) chan int {
    ch := make(chan int)
    send := make(chan struct{})
    go func() {
    Lable:
        for {
            select {
            case ch <- <-GenerateIntA(send):
            case ch <- <-GenerateIntB(send):
            case <-done:
                send <- struct{}{}
                send <- struct{}{}
                break Lable
            }
        }
        close(ch)
```

```
    }()
    return ch
}

func main() {
    //创建一个作为接收退出信号的 chan
    done := make(chan struct{})

    //启动生成器
    ch := GenerateInt(done)

    //获取生成器资源
    for i := 0; i < 10; i++ {
        fmt.Println(<-ch)
    }

    //通知生产者停止生产
    done <- struct{}{}
    fmt.Println("stop gernarate")
}
```

5.2.2 管道

通道可以分为两个方向，一个是读，另一个是写，假如一个函数的输入参数和输出参数都是相同的 chan 类型，则该函数可以调用自己，最终形成一个调用链。当然多个具有相同参数类型的函数也能组成一个调用链，这很像 UNIX 系统的管道，是一个有类型的管道。

下面通过具体的示例演示 Go 程序这种链式处理能力。

```
package main

import (
    "fmt"
)

//chain 函数的输入参数和输出参数类型相同，都是 chan int 类型
//chain 函数的功能是将 chan 内的数据统一加 1
```

```
func chain(in chan int) chan int {
    out := make(chan int)
    go func() {
        for v := range in {
            out <- 1 + v
        }
        close(out)
    }()
    return out
}

func main() {
    in := make(chan int)

    //初始化输入参数
    go func() {
        for i := 0; i < 10; i++ {
            in <- i
        }
        close(in)
    }()

    //连续调用 3 次 chan，相当于把 in 中的每个元素都加 3
    out := chain(chain(chain(in)))
    for v := range out {
        fmt.Println(v)
    }
}
```

5.2.3　每个请求一个 goroutine

这种并发模式相对比较简单，就是来一个请求或任务就启动一个 goroutine 去处理，典型的就是 Go 中的 HTTP server 服务。下面看一下 Go 语言 http 标准库处理请求的方式，代码如下。

```
//net/http/server.go
//func (srv *Server) Serve(l net.Listener) 部分代码

2694    for {
```

```
                //监听获取连接
2695        rw, e := l.Accept()
2696        if e != nil {
2697            select {
2698            case <-srv.getDoneChan():
2699                return ErrServerClosed
2700            default:
2701            }
2702            if ne, ok := e.(net.Error); ok && ne.Temporary() {
2703                if tempDelay == 0 {
2704                    tempDelay = 5 * time.Millisecond
2705                } else {
2706                    tempDelay *= 2
2707                }
2708                if max := 1 * time.Second; tempDelay > max {
2709                    tempDelay = max
2710                }
2711                srv.logf("http: Accept error: %v; retrying in %v", e, tempDelay)
2712                time.Sleep(tempDelay)
2713                continue
2714            }
2715            return e
2716        }
2717        tempDelay = 0
2718        c := srv.newConn(rw)
2719        c.setState(c.rwc, StateNew) // before Serve can return

            //启动一个独立的 goroutine 处理该 Web 请求
2720        go c.serve(ctx)
2721    }
```

下面以计算 100 个自然数的和来举例，将计算任务拆分为多个 task，每个 task 启动一个 goroutine 进行处理，程序示例代码如下：

```
package main

import (
    "fmt"
```

```
    "sync"
)

//工作任务
type task struct {
    begin  int
    end    int
    result chan<- int
}

//任务执行：计算 begin 到 end 的和
//执行结果写入结果 chan result
func (t *task) do() {
    sum := 0
    for i := t.begin; i <= t.end; i++ {
        sum += i
    }
    t.result <- sum
}

func main() {
    //创建任务通道
    taskchan := make(chan task, 10)

    //创建结果通道
    resultchan := make(chan int, 10)

    //wait 用于同步等待任务的执行
    wait := &sync.WaitGroup{}

    //初始化 task 的 goroutine，计算 100 个自然数之和
    go InitTask(taskchan, resultchan, 100)

    //每个 task 启动一个 goroutine 进行处理
    go DistributeTask(taskchan, wait, resultchan)

    //通过结果通道获取结果并汇总
    sum := ProcessResult(resultchan)
```

```go
        fmt.Println("sum=", sum)
}

//构建 task 并写入 task 通道
func InitTask(taskchan chan<- task, r chan int, p int) {
    qu := p / 10
    mod := p % 10
    high := qu * 10
    for j := 0; j < qu; j++ {
        b := 10*j + 1
        e := 10 * (j + 1)
        tsk := task{
            begin:  b,
            end:    e,
            result: r,
        }
        taskchan <- tsk
    }
    if mod != 0 {
        tsk := task{
            begin:  high + 1,
            end:    p,
            result: r,
        }
        taskchan <- tsk
    }

    close(taskchan)
}

//读取 task chan，每个 task 启动一个 worker goroutine 进行处理
//并等待每个 task 运行完，关闭结果通道
func DistributeTask(taskchan <-chan task, wait *sync.WaitGroup, result chan int) {

    for v := range taskchan {
        wait.Add(1)
```

```
        go ProcessTask(v, wait)
    }
    wait.Wait()
    close(result)
}

//goroutine 处理具体工作，并将处理结果发送到结果通道
func ProcessTask(t task, wait *sync.WaitGroup) {
    t.do()
    wait.Done()
}

//读取结果通道，汇总结果
func ProcessResult(resultchan chan int) int {
    sum := 0
    for r := range resultchan {
        sum += r
    }
    return sum
}

//结果
sum= 5050
```

程序的逻辑分析：

（1）InitTask 函数构建 task 并发送到 task 通道中。

（2）分发任务函数 DistributeTask 为每个 task 启动一个 goroutine 处理任务，等待其处理完成，然后关闭结果通道。

（3）ProcessResult 函数读取并统计所有的结果。

这几个函数分别在不同的 goroutine 中运行，它们通过通道和 sync.WaitGroup 进行通信和同步。

整个流程如图 5-1 所示。

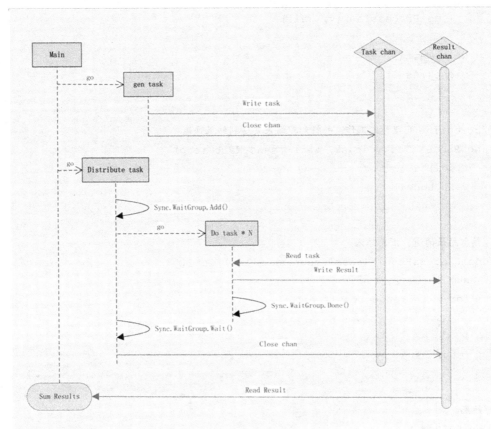

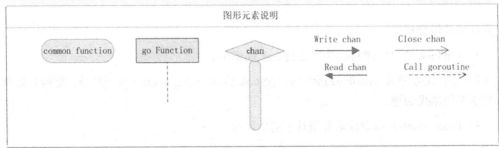

图 5-1　不固定 goroutines 工作池

备注： 本图不是 UML 的用例图，只是使用 UML 用例图的元素来描述 Go 语言的并发执行模型，每个元素的含义被重新定义，在图形底部有描述，笔者发现用例图的元素非常适合描述 Go 并发模型。

5.2.4 固定 worker 工作池

服务器编程中使用最多的就是通过线程池来提升服务的并发处理能力。在 Go 语言编程中，一样可以轻松地构建固定数目的 goroutines 作为工作线程池。下面还是以计算多个整数的和为例来说明这种并发范式。

程序中除了主要的 main goroutine，还开启了如下几类 goroutine：

（1）初始化任务的 goroutine。

（2）分发任务的 goroutine。

（3）等待所有 worker 结束通知，然后关闭结果通道的 goroutine。

main 函数负责拉起上述 goroutine，并从结果通道获取最终的结果。

程序采用三个通道，分别是：

（1）传递 task 任务的通道。

（2）传递 task 结果的通道。

（3）接收 worker 处理完任务后所发送通知的通道。

相关的代码如下：

```
package main

import (
    "fmt"
)

//工作池的 goroutine 数目
const (
    NUMBER = 10
)

//工作任务
type task struct {
    begin  int
    end    int
    result chan<- int
}
```

```go
//任务处理:计算 begin 到 end 的和
//执行结果写入结果 chan result
func (t *task) do() {
    sum := 0
    for i := t.begin; i <= t.end; i++ {
        sum += i
    }
    t.result <- sum
}

func main() {
    workers := NUMBER

    //工作通道
    taskchan := make(chan task, 10)

    //结果通道
    resultchan := make(chan int, 10)

    //worker 信号通道
    done := make(chan struct{}, 10)

    //初始化 task 的 goroutine,计算 100 个自然数之和
    go InitTask(taskchan, resultchan, 100)

    //分发任务到 NUMBER 个 goroutine 池
    DistributeTask(taskchan, workers, done)

    //获取各个 goroutine 处理完任务的通知,并关闭结果通道
    go CloseResult(done, resultchan, workers)

    //通过结果通道获取结果并汇总
    sum := ProcessResult(resultchan)

    fmt.Println("sum=", sum)
}

//初始化待处理 task chan
```

```go
func InitTask(taskchan chan<- task, r chan int, p int) {
    qu := p / 10
    mod := p % 10
    high := qu * 10
    for j := 0; j < qu; j++ {
        b := 10*j + 1
        e := 10 * (j + 1)
        tsk := task{
            begin: b,
            end:   e,
            result: r,
        }
        taskchan <- tsk
    }
    if mod != 0 {
        tsk := task{
            begin: high + 1,
            end:   p,
            result: r,
        }
        taskchan <- tsk
    }

    close(taskchan)
}

//读取 task chan 并分发到 worker goroutine 处理, 总的数量是 workers
func DistributeTask(taskchan <-chan task, workers int, done chan struct{})
{

    for i := 0; i < workers; i++ {
        go ProcessTask(taskchan, done)
    }
}

//工作 goroutine 处理具体工作, 并将处理结果发送到结果 chan
func ProcessTask(taskchan <-chan task, done chan struct{}) {
    for t := range taskchan {
```

```
        t.do()
    }
    done <- struct{}{}
}


//通过 done channel 同步等待所有工作 goroutine 的结束，然后关闭结果 chan
func CloseResult(done chan struct{}, resultchan chan int, workers int) {
    for i := 0; i < workers; i++ {
        <-done
    }
    close(done)
    close(resultchan)
}


//读取结果通道，汇总结果
func ProcessResult(resultchan chan int) int {
    sum := 0
    for r := range resultchan {
        sum += r
    }
    return sum
}


//结果
sum= 5050
```

程序的逻辑分析：

（1）构建 task 并发送到 task 通道中。

（2）分别启动 n 个工作线程，不停地从 task 通道中获取任务，然后将结果写入结果通道。如果任务通道被关闭，则负责向收敛结果的 goroutine 发送通知，告诉其当前 worker 已经完成工作。

（3）收敛结果的 goroutine 接收到所有 task 已经处理完毕的信号后，主动关闭结果通道。

（4）main 中的函数 ProcessResult 读取并统计所有的结果。

整个工作流程如图 5-2 所示。

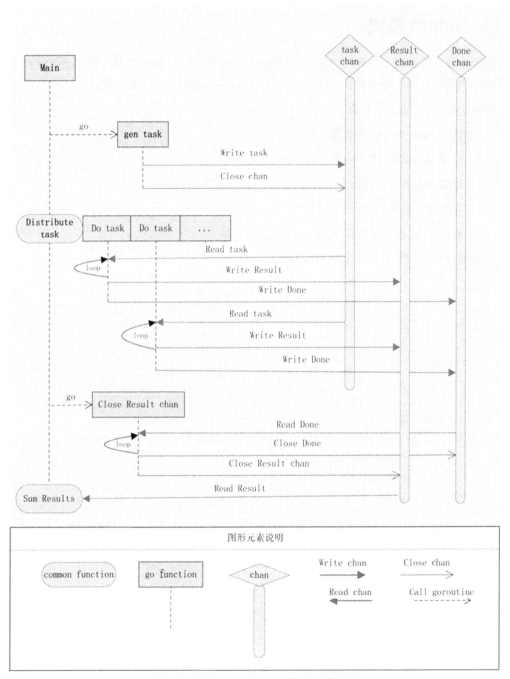

图 5-2　固定 goroutines 工作池工作流程

5.2.5　future 模式

编程中经常遇到在一个流程中需要调用多个子调用的情况，这些子调用相互之间没有依赖，如果串行地调用，则耗时会很长，此时可以使用 Go 并发编程中的 future 模式。

future 模式的基本工作原理：

（1）使用 chan 作为函数参数。

（2）启动 goroutine 调用函数。

（3）通过 chan 传入参数。

（4）做其他可以并行处理的事情。

（5）通过 chan 异步获取结果。

下面通过一段抽象的代码来学习该模式：

```go
package main

import (
    "fmt"
    "time"
)

//一个查询结构体
//这里的 sql 和 result 是一个简单的抽象，具体的应用可能是更复杂的数据类型
type query struct {
    //参数 Channel
    sql chan string

    //结果 Channel
    result chan string
}

//执行 Query
func execQuery(q query) {

    //启动协程
    go func() {
        //获取输入
```

```go
        sql := <-q.sql

        //访问数据库

        //输出结果通道
        q.result <- "result from " + sql
    }()

}

func main() {

    //初始化 Query
    q := query{make(chan string, 1), make(chan string, 1)}

    //执行 Query，注意执行的时候无须准备参数
    go execQuery(q)

    //发送参数
    q.sql <- "select * from table"

    //做其他事情，通过 sleep 描述
    time.Sleep(1 * time.Second)

    //获取结果
    fmt.Println(<-q.result)
}

//执行结果
result from select * from table
```

future 最大的好处是将函数的同步调用转换为异步调用，适用于一个交易需要多个子调用且这些子调用没有依赖的场景。实际情况可能比上面示例复杂得多，要考虑错误和异常的处理，读者着重体验这种思想，而不是细节。

future 模式工作流程如图 5-3 所示。

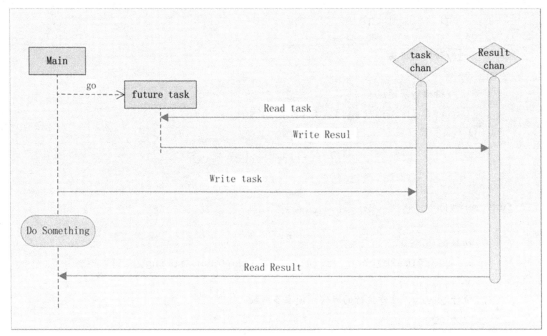

图 5-3　future 模式工作流程

5.3　context 标准库

Go 中的 goroutine 之间没有父与子的关系，也就没有所谓子进程退出后的通知机制，多个 goroutine 都是平行地被调度，多个 goroutine 如何协作工作涉及通信、同步、通知和退出四个方面。

通信：chan 通道当然是 goroutine 之间通信的基础，注意这里的通信主要是指程序的数据通道。

同步：不带缓冲的 chan 提供了一个天然的同步等待机制；当然 sync.WaitGroup 也为多个 goroutine 协同工作提供一种同步等待机制。

通知：这个通知和上面通信的数据不一样，通知通常不是业务数据，而是管理、控制流数据。要处理这个也好办，在输入端绑定两个 chan，一个用于业务流数据，另一个用于异常通知数据，然后通过 select 收敛进行处理。这个方案可以解决简单的问题，但不是一个通用的解决方案。

退出：goroutine 之间没有父子关系，如何通知 goroutine 退出？可以通过增加一个单独的通道，借助通道和 select 的广播机制（close channel to broadcast）实现退出。

　　Go 语言在语法上处理某个 goroutine 退出通知机制很简单。但是遇到复杂的并发结构处理起来就显得力不从心。实际编程中 goroutine 会拉起新的 goroutine，新的 goroutine 又会拉起另一个新的 goroutine，最终形成一个树状的结构，由于 goroutine 里并没有父子的概念，这个树状的结构只是在程序员头脑中抽象出来的，程序的执行模型并没有维护这么一个树状结构。怎么通知这个树状上的所有 goroutine 退出？仅依靠语法层面的支持显然比较难处理。为此 Go 1.7 提供了一个标准库 context 来解决这个问题。它提供两种功能：退出通知和元数据传递。context 库的设计目的就是跟踪 goroutine 调用，在其内部维护一个调用树，并在这些调用树中传递通知和元数据。

5.3.1　context 的设计目的

　　context 库的设计目的就是跟踪 goroutine 调用树，并在这些 gouroutine 调用树中传递通知和元数据。两个目的：

　　（1）退出通知机制——通知可以传递给整个 goroutine 调用树上的每一个 goroutine。

　　（2）传递数据——数据可以传递给整个 goroutine 调用树上的每一个 goroutine。

5.3.2　基本数据结构

　　在介绍 context 包之前，先理解 context 包的整体工作机制：第一个创建 Context 的 goroutine 被称为 root 节点。root 节点负责创建一个实现 Context 接口的具体对象，并将该对象作为参数传递到其新拉起的 goroutine，下游的 goroutine 可以继续封装该对象，再传递到更下游的 goroutine。Context 对象在传递的过程中最终形成一个树状的数据结构，这样通过位于 root 节点（树的根节点）的 Context 对象就能遍历整个 Context 对象树，通知和消息就可以通过 root 节点传递出去，实现了上游 goroutine 对下游 goroutine 的消息传递。

Context 接口

　　Context 是一个基本接口，所有的 Context 对象都要实现该接口，context 的使用者在调用接口中都使用 Context 作为参数类型。具体分析如下。

```
type Context interface {
        //如果 Context 实现了超时控制，则该方法返回 ok true, deadline 为超时时间，
        //否则 ok 为 false
    Deadline() (deadline time.Time, ok bool)

        //后端被调的 goroutine 应该监听该方法返回的 chan，以便及时释放资源
```

```
Done() <-chan struct{}

//Done 返回的 chan 收到通知的时候，才可以访问 Err()获知因为什么原因被取消
Err() error

//可以访问上游 goroutine 传递给下游 goroutine 的值
Value(key interface{}) interface{}
}
```

canceler 接口

canceler 接口是一个扩展接口，规定了取消通知的 Context 具体类型需要实现的接口。context 包中的具体类型 *cancelCtx 和 *timerCtx 都实现了该接口。示例如下：

```
//一个 context 对象如果实现了 canceler 接口，则可以被取消

type canceler interface {
//创建 cancel 接口实例的 goroutine 调用 cancel 方法通知后续创建的 goroutine 退出
    cancel(removeFromParent bool, err error)

//Done 方法返回的 chan 需要后端 goroutine 来监听，并及时退出
    Done() <-chan struct{}
}
```

empty Context 结构

emptyCtx 实现了 Context 接口，但不具备任何功能，因为其所有的方法都是空实现。其存在的目的是作为 Context 对象树的根（root 节点）。因为 context 包的使用思路就是不停地调用 context 包提供的包装函数来创建具有特殊功能的 Context 实例，每一个 Context 实例的创建都以上一个 Context 对象为参数，最终形成一个树状的结构。示例如下：

```
//emptyCtx 实现了 Context 接口
type emptyCtx int

func (*emptyCtx) Deadline() (deadline time.Time, ok bool) {
    return
}

func (*emptyCtx) Done() <-chan struct{} {
    return nil
}
```

```
func (*emptyCtx) Err() error {
    return nil
}

func (*emptyCtx) Value(key interface{}) interface{} {
    return nil
}

func (e *emptyCtx) String() string {
    switch e {
    case background:
        return "context.Background"
    case todo:
        return "context.TODO"
    }
    return "unknown empty Context"
}
```

package 定义了两个全局变量和两个封装函数，返回两个 emptyCtx 实例对象，实际使用时通过调用这两个封装函数来构造 Context 的 root 节点。示例如下：

```
var (
    background = new(emptyCtx)
    todo       = new(emptyCtx)
)

func Background() Context {
    return background
}

func TODO() Context {
    return todo
}
```

cancelCtx

cancelCtx 是一个实现了 Context 接口的具体类型，同时实现了 conceler 接口。conceler 具有退出通知方法。注意退出通知机制不但能通知自己，也能逐层通知其 children 节点。示例如下：

```go
//cancelCtx 可以被取消，cancelCtx 取消时会同时取消所有实现 canceler 接口的孩子节点
type cancelCtx struct {
    Context

    done chan struct{} //closed by the first cancel call.

    mu       sync.Mutex
    children map[canceler]bool //set to nil by the first cancel call
    err      error             //set to non-nil by the first cancel call
}

func (c *cancelCtx) Done() <-chan struct{} {
    return c.done
}

func (c *cancelCtx) Err() error {
    c.mu.Lock()
    defer c.mu.Unlock()
    return c.err
}

func (c *cancelCtx) String() string {
    return fmt.Sprintf("%v.WithCancel", c.Context)
}
//cancel closes c.done, cancels each of c's children, and, if
//removeFromParent is true, removes c from its parent's children
func (c *cancelCtx) cancel(removeFromParent bool, err error) {
    if err == nil {
        panic("context: internal error: missing cancel error")
    }
    c.mu.Lock()
    if c.err != nil {
        c.mu.Unlock()
        return //already canceled
    }
    c.err = err
        //显示通知自己
    close(c.done)
```

```
    //循环调用 children 的 cancel 函数，由于 parent 已经取消，所以此时 child 调用
    //cancel 传入的是 false
    for child := range c.children {
        //NOTE: acquiring the child's lock while holding parent's lock.
        child.cancel(false, err)
    }
    c.children = nil
    c.mu.Unlock()

    if removeFromParent {
        removeChild(c.Context, c)
    }
}
```

timerCtx

timerCtx 是一个实现了 Context 接口的具体类型，内部封装了 cancelCtx 类型实例，同时有一个 deadline 变量，用来实现定时退出通知。示例如下：

```
type timerCtx struct {
    cancelCtx
    timer *time.Timer // Under cancelCtx.mu.

    deadline time.Time
}

func (c *timerCtx) Deadline() (deadline time.Time, ok bool) {
    return c.deadline, true
}

func (c *timerCtx) String() string {
    return fmt.Sprintf("%v.WithDeadline(%s [%s])", c.cancelCtx.Context,
c.deadline, c.deadline.Sub(time.Now()))
}
func (c *timerCtx) cancel(removeFromParent bool, err error) {
    c.cancelCtx.cancel(false, err)
    if removeFromParent {
        //Remove this timerCtx from its parent cancelCtx's children.
        removeChild(c.cancelCtx.Context, c)
    }
```

```
    c.mu.Lock()
    if c.timer != nil {
        c.timer.Stop()
        c.timer = nil
    }
    c.mu.Unlock()
}
```

valueCtx

valueCtx 是一个实现了 Context 接口的具体类型，内部封装了 Context 接口类型，同时封装了一个 k/v 的存储变量。valueCtx 可用来传递通知信息。示例如下：

```
type valueCtx struct {
    Context
    key, val interface{}
}

func (c *valueCtx) String() string {
    return fmt.Sprintf("%v.WithValue(%#v, %#v)", c.Context, c.key, c.val)
}

func (c *valueCtx) Value(key interface{}) interface{} {
    if c.key == key {
        return c.val
    }
    return c.Context.Value(key)
}
```

5.3.3 API 函数

下面这两个函数是构造 Context 取消树的根节点对象，根节点对象用作后续 With 包装函数的实参。

```
func Background() Context
func TODO() Context
```

With 包装函数用来构建不同功能的 Context 具体对象。

（1）创建一个带有退出通知的 Context 具体对象，内部创建一个 cancelCtx 的类型实例。

例如：

```
func WithCancel(parent Context) (ctx Context, cancel CancelFunc)
```

（2）创建一个带有超时通知的 Context 具体对象，内部创建一个 timerCtx 的类型实例。例如：

```
func WithDeadline(parent Context, deadline time.Time) (Context, CancelFunc)
```

（3）创建一个带有超时通知的 Context 具体对象，内部创建一个 timerCtx 的类型实例。例如：

```
func WithTimeout(parent Context, timeout time.Duration) (Context, CancelFunc)
```

（4）创建一个能够传递数据的 Context 具体对象，内部创建一个 valueCtx 的类型实例。例如：

```
func WithValue(parent Context, key, val interface{}) Context
```

这些函数都有一个共同的特点——parent 参数，其实这就是实现 Context 通知树的必备条件。在 goroutine 的调用链中，Context 的实例被逐层地包装并传递，每层又可以对传进来的 Context 实例再封装自己所需的功能，整个调用树需要一个数据结构来维护，这个维护逻辑在这些包装函数内部实现。

5.3.4 辅助函数

前面描述的 With 开头的构造函数是给外部程序使用的 API 接口函数。Context 具体对象的链条关系是在 With 函数的内部维护的。现在分析一下 With 函数内部使用的通用函数。

`func propagateCancel(parent Context, child canceler)` 有如下几个功能：

（1）判断 parent 的方法 Done()返回值是否是 nil，如果是，则说明 parent 不是一个可取消的 Context 对象，也就无所谓取消构造树，说明 child 就是取消构造树的根。

（2）如果 parent 的方法 Done()返回值不是 nil，则向上回溯自己的祖先是否是 cancelCtx 类型实例，如果是，则将 child 的子节点注册维护到那棵关系树里面。

（3）如果向上回溯自己的祖先都不是 cancelCtx 类型实例，则说明整个链条的取消树是不连续的。此时只需监听 parent 和自己的取消信号即可。

示例如下：

```go
func propagateCancel(parent Context, child canceler) {
    if parent.Done() == nil {
        return //parent is never canceled
    }
    if p, ok := parentCancelCtx(parent); ok {
        p.mu.Lock()
        if p.err != nil {
            // parent has already been canceled
            child.cancel(false, p.err)
        } else {
            if p.children == nil {
                p.children = make(map[canceler]bool)
            }
            //维护 parent 和 child 的关系
            p.children[child] = true
        }
        p.mu.Unlock()
    } else {
        go func() {
            select {
            case <-parent.Done():
                child.cancel(false, parent.Err())
            case <-child.Done():
            }
        }()
    }
}
```

func parentCancelCtx(parent Context) (*cancelCtx, bool)：判断 parent 中是否封装 *cancelCtx 的字段，或者接口里面存放的底层类型是否是 *cancelCtx 类型。示例如下：

```go
func parentCancelCtx(parent Context) (*cancelCtx, bool) {
    for {
        switch c := parent.(type) {
        case *cancelCtx:
            return c, true
        case *timerCtx:
            return &c.cancelCtx, true
        case *valueCtx:
```

```
            parent = c.Context
        default:
            return nil, false
        }
    }
}
```

func removeChild(parent Context, child canceler)：如果 **parent** 封装*cancelCtx 类型字段，或者接口里面存放的底层类型是*cancelCtx 类型，则将其构造树上的 **child** 节点删除。示例如下：

```
//removeChild removes a context from its parent.
func removeChild(parent Context, child canceler) {
    p, ok := parentCancelCtx(parent)
    if !ok {
        return
    }
    p.mu.Lock()
    if p.children != nil {
        delete(p.children, child)
    }
    p.mu.Unlock()
}
```

5.3.5 context 的用法

下面通过一段实验性质的代码阐述 context 的基本用法。

```
package main

import (
    "context"
    "fmt"
    "time"
)

//define a new type include a Context Field
type otherContext struct {
```

```go
        context.Context
    }

func main() {

    //使用 context.Background()构建一个 WithCancel 类型的上下文
    ctxa, cancel := context.WithCancel(context.Background())

    //work 模拟运行并检测前端的退出通知
    go work(ctxa, "work1")

    //使用 WithDeadline 包装前面的上下文对象 ctxa
    tm := time.Now().Add(3 * time.Second)
    ctxb, _ := context.WithDeadline(ctxa, tm)

    go work(ctxb, "work2")

    //使用 WithValue 包装前面的上下文对象 ctxb
    oc := otherContext{ctxb}
    ctxc := context.WithValue(oc, "key", "andes,pass from main ")

    go workWithValue(ctxc, "work3")

    //故意"sleep"10 秒，让 work2、work3 超时退出
    time.Sleep(10 * time.Second)

    //显式调用 work1 的 cancel 方法通知其退出
    cancel()

    //等待 work1 打印退出信息
    time.Sleep(5 * time.Second)
    fmt.Println("main stop")
}

//do something
func work(ctx context.Context, name string) {
    for {
        select {
```

```
        case <-ctx.Done():
            fmt.Printf("%s get msg to cancel\n", name)
            return
        default:
            fmt.Printf("%s is running \n", name)
            time.Sleep(1 * time.Second)
        }
    }
}

//等待前端的退出通知，并试图获取 Context 传递的数据
func workWithValue(ctx context.Context, name string) {
    for {
        select {
        case <-ctx.Done():
            fmt.Printf("%s get msg to cancel\n", name)
            return
        default:
            value := ctx.Value("key").(string)
            fmt.Printf("%s is running value=%s \n", name, value)
            time.Sleep(1 * time.Second)
        }
    }
}
```

运行结果

```
//work3 在运行中且能够获取前端传递过来的参数 key
work3 is running value=andes,pass from main
work1 is running
work2 is running
work3 is running value=andes,pass from main
work2 is running
work1 is running
work1 is running
work3 is running value=andes,pass from main
work2 is running
//work2、work3 超时退出
work2 get msg to cancel
```

```
work3 get msg to cancel
work1 is running
work1 is running
work1 is running
work1 is running
work1 is running
work1 is running
//work1 被显式地通知退出
work1 get msg to cancel
main stop
```

程序分析

在使用 Context 的过程中，程序在底层实际上维护了两条关系链，理解这个关系链对理解 context 包非常有好处，两条引用关系链如下。

（1）children key 构成从根到叶子 Context 实例的引用关系，这个关系在调用 With 函数时进行维护（调用上文介绍的 propagateCancel(parent Context, child canceler) 函数维护），程序有一层这样的树状结构（本示例是一个链表结构）：

```
ctxa.children--->ctxb
ctxb.children--->ctxc
```

这个树提供一种从根节点开始遍历树的方法，context 包的取消广播通知的核心就是基于这一点实现的。取消通知沿着这条链从根节点向下层节点逐层广播。当然也可以在任意一个子树上调用取消通知，一样会扩散到整棵树。示例程序中 ctxa 收到退出通知，会通知其绑定 work1，同时会广播给 ctxb 和 ctxc 绑定的 work2 和 work3。同理，ctxc 收到退出通知，会通知到其绑定的 work2，同时会广播给 ctxc 绑定的 work3。

（2）在构造 Context 的对象中不断地包裹 Context 实例形成一个引用关系链，这个关系链的方向是相反的，是自底向上的。示例程序中多个 Context 对象的关系如下：

```
ctxc.Context -->oc
ctxc.Context.Context -->ctxb
ctxc.Context.Context.cancelCtx -->ctxa
ctxc.Context.Context.cancelCtx.Context -->new(emptyCtx) //context.Background()
```

这个关系链主要用来切断当前 Context 实例和上层的 Context 实例之间的关系，比如 ctxb 调用了退出通知或定时器到期了，ctxb 后续就没有必要在通知广播树上继续存在，它需要找到自己的 parent，然后执行 delete(parent.children,ctxb)，把自己从广播树上清理掉。

再来看一下对核心代码的解读:

```
ctxa, cancel := context.WithCancel(context.Background())
/*
 ctxa 内部状态---->ctxa=&cancelCtx {
                  Context: new(emptyCtx)
                  }
*/
go work(ctxa, "work1")
tm := time.Now().Add(3 * time.Second)
ctxb, _ := context.WithDeadline(ctxa, tm)
/*
   ctxb 内部状态--->
         ctxb=&timerCtx{
                cancelCtx: ctxa
                dataline:tm
                }
   同时触发 ctxa，在 children 中维护 ctxb 作为子节点
*/

go work(ctxb, "work2")

oc := otherContext{ctxb}
ctxc := context.WithValue(oc, "key", "pass from main ")

/*
 ctxc--->ctxc=&cancelCtx {
              Context: oc
            }
   同时通过 oc.Context 找到 ctxb,通过 ctxb.cancelCtx 找到 ctxa,在 ctxa 的 children
   字段中维护 ctxc 作为其子节点
*/

go workWithValue(ctxc, "work3")
```

整个关系链如图 5-3 所示。

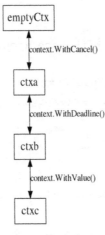

图 5-3 关系链

通过上文示例梳理出使用 Context 包的一般流程如下：

（1）创建一个 Context 根对象。例如：

```
func Background() Context
func TODO() Context
```

（2）包装上一步创建的 Context 对象，使其具有特定的功能。

这些包装函数是 context package 的核心，几乎所有的封装都是从包装函数开始的。原因很简单，使用 context 包的核心就是使用其退出通知广播功能。示例如下：

```
func WithCancel(parent Context) (ctx Context, cancel CancelFunc)
func WithTimeout(parent Context, timeout time.Duration) (Context,
CancelFunc)
func WithDeadline(parent Context, deadline time.Time) (Context, CancelFunc)
func WithValue(parent Context, key, val interface{}) Context
```

（3）将上一步创建的对象作为实参传给后续启动的并发函数（通常作为函数的第一个参数），每个并发函数内部可以继续使用包装函数对传进来的 Context 对象进行包装，添加自己所需的功能。

（4）顶端的 goroutine 在超时后调用 cancel 退出通知函数，通知后端的所有 goroutine 释放资源。

（5）后端的 goroutine 通过 select 监听 Context.Done() 返回的 chan，及时响应前端 goroutine 的退出通知，一般停止本次处理，释放所占用的资源。

5.3.6　使用 context 传递数据的争议

该不该使用 context 传递数据

首先要清楚使用 context 包主要是解决 goroutine 的通知退出，传递数据是其一个额外功能。可以使用它传递一些元信息，总之使用 context 传递的信息不能影响正常的业务流程，程序不要期待在 context 中传递一些必需的参数等，没有这些参数，程序也应该能正常工作。

在 context 中传递数据的坏处

（1）传递的都是 interface{} 类型的值，编译器不能进行严格的类型校验。

（2）从 interface{} 到具体类型需要使用类型断言和接口查询，有一定的运行期开销和性能损失。

（3）值在传递过程中有可能被后续的服务覆盖，且不易被发现。

（4）传递信息不简明，较晦涩；不能通过代码或文档一眼看到传递的是什么，不利于后续维护。

context 应该传递什么数据

（1）日志信息。

（2）调试信息。

（3）不影响业务主逻辑的可选数据。

context 包提供的核心的功能是多个 goroutine 之间的退出通知机制，传递数据只是一个辅助功能，应谨慎使用 context 传递数据。

5.4　并发模型

5.4.1　CSP 简介

《Communicating Sequential Processes》（CSP）是计算机科学领域的"大牛"托尼·霍尔（C.A.R. Hoare）于 1978 年发表的一篇论文，后期不断优化最终发展为一个代数理论，用来描述并发系统消息通信模型并验证其正确性。其最基本的思想是：将并发系统抽象为 Channel 和 Process 两部分，Channel 用来传递消息，Process 用于执行，Channel 和 Process 之间相互独立，没有从属关系，消息的发送和接收有严格的时序限制。Go 语言主要借鉴了 Channel 和 Process 的概念，在 Go 中 Channel 就是通道，Process 就是 goroutine。

5.4.2　调度模型

CPU 执行指令的速度是非常快的。在 3.0GHz 主频的单颗 CPU 核心上，大部分简单指令的执行仅需要 1 个时钟周期，1 个时钟周期也就是三分之一纳秒。也就是说，1s 可以执行 30 亿条简单指令（仅考虑执行，不考虑读取数据耗时），这个速度是极快的。CPU 慢在对外部数据的读/写上。外部 I/O 的速度慢和阻塞是导致 CPU 使用效率不高的最大原因。在大部分真实系统中，CPU 都不是瓶颈，CPU 的大部分时间被白白浪费了，增加 CPU 的有效吞吐量是工程师的重要目标。

所谓增加 CPU 的有效吞吐量，通俗地讲就是让 CPU 尽量多干活，而不是在空跑或等待。理想状态是机器的每个 CPU 核心都有事情做，而且尽可能快地做事情，这里有两层含义，我们以现代带有操作系统的计算机来进行论述。

（1）尽可能让每个 CPU 核心都有事情做。

这就要求工作的线程要大于 CPU 的核心数，单进程的程序最多使用一个 CPU 干活，是没有办法有效利用机器资源的。由于 CPU 要和外部设备通信，单个线程经常会被阻塞，包括 I/O 等待、缺页中断、等待网络等。所以 CPU 和线程的比例是 1:1，大部分情况下也不能充分发挥 CPU 的威力。实际上依据程序的特性（CPU 密集型还是 I/O 密集型），合理地调整 CPU 和线程的关系，一般情况下，线程数要大于 CPU 的个数，才能发挥机器的价值。

（2）尽可能提高每个 CPU 核心做事情的效率。

现代操作系统虽然能够进行并行调度，但是当进程数大于 CPU 核心的时候，就存在进程切换的问题。这个切换需要保存上下行，恢复堆栈。频繁地切换也很耗时，我们的目标是尽量让程序减少阻塞和切换，尽量让进程跑满操作系统分配的时间片（分时系统）。

上述是从整个系统的角度来看程序的运行效率问题，具体到应用程序又有所不同。应用程序的并发模型是多样的，总结一下有三种。

- 多进程模型

进程都能被多核 CPU 并发调度，优点是每个进程都有自己独立的内存空间，隔离性好、健壮性高；缺点是进程比较重，进程的切换消耗较大，进程间的通信需要多次在内核区和用户区之间复制数据。

- 多线程模型

这里的多线程是指启动多个内核线程进行处理，线程的优点是通过共享内存进行通信更快捷，切换代价小；缺点是多个线程共享内存空间，极易导致数据访问混乱，某个线程误操作内存挂掉可能危及整个线程组，健壮性不高。

- 用户级多线程模型

用户级多线程又分两种情况，一种是 M∶1 的方式，M 个用户线程对应一个内核进程，这种情况很容易因为一个系统阻塞，其他用户线程都会被阻塞，不能利用机器多核的优势。还有一种模式就是 M∶N 的方式，M 个用户线程对应 N 个内核线程，这种模式一般需要语言运行时或库的支持，效率最高。

程序并发处理的要求越来越高，但是不能无限制地增加系统线程数，线程数过多会导致操作系统的调度开销变大，单个线程的单位时间内被分配的运行时间片减少，单个线程的运行速度降低，单靠增加系统线程数不能满足要求。为了不让系统线程无限膨胀，于是就有了协程的概念。协程是一种用户态的轻量级线程，协程的调度完全由用户态程序控制，协程拥有自己的寄存器上下文和栈。协程调度切换时，将寄存器上下文和栈保存到其他地方，在切回来的时候，恢复先前保存的寄存器上下文和栈，每个内核线程可以对应多个用户协程，当一个协程执行体阻塞了，调度器会调度另一个协程执行，最大效率地利用操作系统分给系统线程的时间片。前面提到的用户级多线程模型就是一种协程模型，尤其以 M∶N 模型最为高效。

这样的好处显而易见：

（1）控制了系统线程数，保证每个线程的运行时间片充足。

（2）调度层能进行用户态的切换，不会导致单个协程阻塞整个程序的情况，尽量减少上下文切换，提升运行效率。

由此可见，协程是一种非常高效、理想的执行模型。Go 的并发执行模型就是一种变种的协程模型。

5.4.3　并发和调度

Go 语言在语言层面引入 goroutine，有以下好处：

（1）goroutine 可以在用户空间调度，避免了内核态和用户态的切换导致的成本。

（2）goroutine 是语言原生支持的，提供了非常简洁的语法，屏蔽了大部分复杂底层实现。

（3）goroutine 更小的栈空间允许用户创建成千上万的实例。

下面介绍 Go 语言的 goroutine 调度模型。Go 的调度模型中抽象出三个实体：M、P、G。

G（Goroutine）

G 是 Go 运行时对 goroutine 的抽象描述，G 中存放并发执行的代码入口地址、上下文、运行环境（关联的 P 和 M）、运行栈等执行相关的元信息。

G 的新建、休眠、恢复、停止都受到 Go 运行时的管理。Go 运行时的监控线程会监控 G 的调度，G 不会长久地阻塞系统线程，运行时的调度器会自动切换到其他 G 上继续运行。G 新建或恢复时会添加到运行队列，等待 M 取出并运行。

M（Machine）

M 代表 OS 内核线程，是操作系统层面调度和执行的实体。M 仅负责执行，M 不停地被唤醒或创建，然后执行。M 启动时进入的是运行时的管理代码，由这段代码获取 G 和 P 资源，然后执行调度。另外，Go 语言运行时会单独创建一个监控线程，负责对程序的内存、调度等信息进行监控和控制。

P（Processor）

P 代表 M 运行 G 所需要的资源，是对资源的一种抽象和管理，P 不是一段代码实体，而是一个管理的数据结构，P 主要是降低 M 管理调度 G 的复杂性，增加一个间接的控制层数据结构。把 P 看作资源，而不是处理器，P 控制 Go 代码的并行度，它不是运行实体。P 持有 G 的队列，P 可以隔离调度，解除 P 和 M 的绑定就解除了 M 对一串 G 的调用。P 在运行模型中只是一个数据模型，而不是程序控制模型，理解这一点非常重要。

M 和 P 一起构成一个运行时环境，每个 P 有一个本地的可调度 G 队列，队列里面的 G 会被 M 依次调度执行，如果本地队列空了，则会去全局队列偷取一部分 G，如果全局队列也是空的，则去其他的 P 中偷取一部分 G，这就是 Work Stealing 算法的基本原理。调度结构如图 5-4 所示。

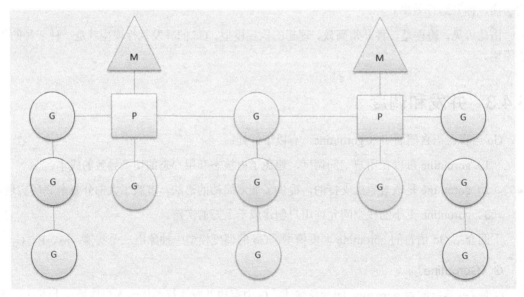

图 5-4　调度结构

G 并不是执行体，而是用于存放并发执行体的元信息，包括并发执行的入口函数、堆栈、上下文等信息。G 由于保存的是元信息，为了减少对象的分配和回收，G 对象是可以复用的，只需将相关元信息初始化为新值即可。M 仅负责执行，M 启动时进入运行时的管理代码，这段管理代码必须拿到可用的 P 后，才能执行调度。P 的数目默认是 CPU 核心的数量，可以通过 runtime.GOMAXPROCS 函数设置或查询，M 和 P 的数目差不多，但运行时会根据当前的状态动态地创建 M，M 有一个最大值上限，目前是 10000；G 与 P 是一种 M：N 的关系，M 可以成千上万，远远大于 N。下面从宏观层面讲解 Go 程序初始化和调度。

m0 和 g0

Go 中还有特殊的 M 和 G，它们是 m0 和 g0。m0 是启动程序后的主线程，这个 m 对应的信息会存放在全局变量 m0 中，m0 负责执行初始化操作和启动第一个 g，之后 m0 就和其他的 M 一样了。

每个 M 都会有一个自己的管理堆栈 g0，g0 不指向任何可执行的函数，g0 仅在 M 执行管理和调度逻辑时使用。在调度或系统调用时会切换到 g0 的栈空间，全局变量的 g0 是 m0 的 g0。

Go 启动初始化过程

（1）分配和检查栈空间。

（2）初始化参数和环境变量。

（3）当前运行线程标记为 m0，m0 是程序启动的主线程。

（4）调用运行时初始化函数 runtime.schedinit 进行初始化。

主要是初始化内存空间分配器、GC、生成空闲 P 列表。

（5）在 m0 上调度第一个 G，这个 G 运行 runtime.main 函数。

runtime.main 会拉起运行时的监控线程，然后调用 main 包的 init()初始化函数，最后执行 main 函数。

什么时候创建 M、P、G

在程序启动过程中会初始化空闲 P 列表，P 是在这个时候被创建的，同时第一个 G 也是在初始化过程中被创建的。后续在有 go 并发调用的地方都有可能创建 G，由于 G 只是一个数据结构，并不是执行实体，所以 G 是可以被复用的。在需要 G 结构时，首先要去 P 的空闲 G 列表里面寻找已经运行结束的 goroutine，其 G 会被缓存起来。

每个并发调用都会初始化一个新的 G 任务，然后唤醒 M 执行任务。这个唤醒不是特定唤醒某个线程去工作，而是先尝试获取当前线程 M，如果无法获取，则从全局调度的空闲 M 列表中获取可用的 M，如果没有可用的，则新建 M，然后绑定 P 和 G 进行运行。所以 M 和 P 不是一一对应的，M 是按需分配的，但是运行时会设置一个上限值（默认是 10000），超出最大值将导致程序崩溃。

> **注意**：创建新的 M 有一个自己的栈 g0，在没有执行并发程序的过程中，M 一直是在 g0 栈上工作的。M 一定要拿到 P 才能执行，G、M 和 P 维护着绑定关系，M 在自己的堆栈 g0 上运行恢复 G 上下文的逻辑。完成初始化后，M 从 g0 栈切换到 G 的栈，并跳转到并发程序代码点开始执行。

M 线程里有管理调度和切换堆栈的逻辑，但是 M 必须拿到 P 后才能运行，可以看到 M 是自驱动的，但是需要 P 的配合。这是一个巧妙的设计。

抢占调度

抢占调度的原因

（1）不让某个 G 长久地被系统调用阻塞，阻碍其他 G 运行。

（2）不让某个 G 一直占用某个 M 不释放。

（3）避免全局队列里面的 G 得不到执行。

抢占调度的策略

（1）在进入系统调用（syscall）前后，各封装一层代码检测 G 的状态，当检测到当前 G 已经被监控线程抢占调度，则 M 停止执行当前 G，进行调度切换。

（2）监控线程经过一段时间检测感知到 P 运行超过一定时间，取消 P 和 M 的关联，这也是一种更高层次的调度。

（3）监控线程经过一段时间检测感知到 G 一直运行，超过了一定的时间，设置 G 标记，G 执行栈扩展逻辑检测到抢占标记，根据相关条件决定是否抢占调度。

Go 程序运行时是比较复杂的，涉及内存分配、垃圾回收、goroutine 调度和通信管理等诸多方面。整个运行时的初始化过程也很烦琐、复杂，本书不可能在一节内容中将其论述清楚，想了解实现细节的读者可以使用 GDB 跟踪 Go 程序的执行，然后结合源代码进一步进行分析和研究。

第 6 章
反射

维基百科中是这样定义反射的：在计算机科学中，反射是指计算机程序在运行时（Run time）可以访问、检测和修改本身状态或行为的一种能力。通俗地讲，反射就是程序能够在运行时动态地查看自己的状态，并且允许修改自身的行为。

在裸机和汇编语言时代，反射是天然的，只需要修改相关的指令就能查看或修改程序的行为，随着操作系统和高级语言的引入，程序获得操作系统和运行时保护的同时牺牲了灵活性。现代很多高级语言加入对反射的支持，以弥补程序的动态性的不足。Go 语言也在运行时和库的层面提供反射支持。

第 3 章、第 4 章已经对 Go 语言的类型系统有一个深入的分析，抛开实现细节，对于一个类型变量，它有两层含义，一是类型是什么，二是其存储的值什么。类型决定了变量的存放方式、支持的操作集和方法集等。对值的操作无外乎读和写，值在内存中都是以 0、1 的格式存放的，具体 0、1 被解释成什么还需要类型的支持。类型和值不是孤立的，Go 语言提供了反射功能，支持程序动态地访问变量的类型和值。

Go 语言反射的基础是编译器和运行时把类型信息以合适的数据结构保存在可执行程序中。Go 提供的 reflect 标准库只是为语言使用者提供一套访问接口，反射实现是语言设计者在设计语言时考虑的。本章主要讲解 reflect 标准库的用法，对于反射内部实现也有简单的介绍，但不是本章的重点。

Go 语言的反射建立在 Go 类型系统基础之上，和接口有紧密的关系，在学习反射之前首先要了解接口。6.1 节会对 Go 语言的类型系统做一个总结。在介绍反射的基本概念和类型系统后，

6.2 节对 Go 语言的反射 API 做系统的梳理。反射的 API 非常丰富，初学者很容易迷失在庞杂的 API 中，本节对 API 做了归类总结，使整个 API 更加清晰。6.3 节通过对一个著名的库 inject 的源码进行分析来了解反射的强大功能。最后在 6.4 节总结反射的最佳实践经验。

6.1 基本概念

Go 的反射基础是接口和类型系统。Go 的反射巧妙地借助了实例到接口的转换所使用的数据结构，首先将实例传递给内部的空接口，实际上是将一个实例类型转换为接口可以表述的数据结构 eface（参见 4.4.1 节），反射基于这个转换后的数据结构来访问和操作实例的值和类型。在接口章节我们知道实例传递给 interface{}类型，编译器会进行一个内部的转换，自动创建相关类型数据结构。这是一个巧妙的设计，如果不做这个设计，则可能语言实现者还要再设计一套类型数据结构来支持反射。还好 Go 语言设计者在设计反射的时候已经看到接口的巨大潜力，基于接口这个动态类型转换机制实现反射，事半功倍。

要想了解反射的本质，就需要对 Go 的类型系统、接口的底层实现机制有所了解，这些概念前面都介绍过，了解这些概念就能透过反射烦琐的 API 看到问题的本质。

本节主要介绍反射 reflect 包里面的基本数据结构和反射操作的入口函数，由于类型系统的重要性，本节在最后总结 Go 的类型系统。

6.1.1 基本数据结构和入口函数

reflect.Type

其实反射包里面有一个通用的描述类型公共信息的结构 rtype，这个 rtype 实际上和 4.4 节介绍接口内部实现时的 runtime 包里面的 _type 是同一个东西，只是因为包的隔离性分开定义而已，都是描述类型的通用信息，同时为每一种基础类型封装了一个特定的结构。示例如下：

```
//$GOROOT src/reflect/type.go
type rtype struct {
    size       uintptr
    ptrdata    uintptr   //number of bytes in the type that can contain
pointers
    hash       uint32    //hash of type; avoids computation in hash tables
    tflag      tflag     //extra type information flags
    align      uint8     //alignment of variable with this type
    fieldAlign uint8     //alignment of struct field with this type
    kind       uint8     //enumeration for C
```

```
    alg        *typeAlg  //algorithm table
    gcdata     *byte     //garbage collection data
    str        nameOff   //string form
    ptrToThis  typeOff   //type for pointer to this type, may be zero
}

//数组类型
type arrayType struct {
    rtype `reflect:"array"`
    elem  *rtype //array element type
    slice *rtype //slice type
    len   uintptr
}

//指针类型
//ptrType represents a pointer type.
type ptrType struct {
    rtype `reflect:"ptr"`
    elem  *rtype // pointer element (pointed at) type
}
```

有关 rtype 的相关字段的解释请参见 4.4.1 节，这里不再介绍。有一点要说明的是，rtype 实现了接口 relfect.Type，Go 的 refelct 包通过函数 refelct.TypeOf() 返回一个 Type 类型的接口，使用者通过接口来获取对象的类型信息。

为什么反射接口返回的是一个 Type 接口类型，而不是直接返回 rtype？原因很简单，一是因为类型信息是一个只读的信息，不可能动态地修改类型的相关信息，那太不安全了；二是因为不同的类型，类型定义也不一样，使用接口这一抽象数据结构能够进行统一的抽象。所以 refelct 包通过 reflect.TypeOf() 函数返回一个 Type 的接口变量，通过接口抽象出来的方法访问具体类型的信息。

reflect.TypeOf() 的函数原型如下：

```
func TypeOf(i interface{}) Type
```

形参是一个空接口类型，返回值是一个 Type 接口类型。

接下来介绍 reflect.Type 接口的主要方法（$GOROOT src/reflect/type.go 源代码有详细的注释，更完整的数据结构可以直接查看代码）。

（1）所有类型通用的方法。示例如下：

```
//返回包含包名的类型名字，对于未命名类型返回的是空
Name() string

//Kind 返回该类型的底层基础类型，关于基础类型的介绍见 6.1.2 节
Kind() Kind

//确定当前类型是否实现了 u 接口类型
//注意这里的 u 必须是接口类型的 Type
Implements(u Type) bool

//判断当前类型的实例是否能赋值给 type 为 u 的类型变量
//关于类型的可赋值规则参见 3.1.3 节
AssignableTo(u Type) bool

//判断当前类型的实例是否能强制类型转换为 u 类型变量
//类型的强制转换规则参见 3.1.4 节
ConvertibleTo(u Type) bool

//判断当前类型是否支持比较（等于或不等于）
//支持等于的类型可以作为 map 的 key
Comparable() bool

//返回一个类型的方法的个数
NumMethod() int

//通过索引值访问方法，索引值必须属于[0, NumMethod())，否则引发 panic
//关于 Method 的数据结构后面有介绍
Method(int) Method

//通过方法名获取 Method
MethodByName(string) (Method, bool)

//返回类型的包路径，如果类型是预声明类型或未命名类型，则返回空字符串
PkgPath() string
```

```
//返回存放该类型的实例需要多大的字节空间
Size() uintptr
```

（2）不同基础类型的专有方法。

这些方法是某种类型特有的，如果不是某种特定类型却调用了该类型的方法，则会引发 panic。所以为了避免 panic，在调用特定类型的专有方法前，要清楚地知道该类型是什么，如果不确定类型，则要先调用 Kind() 方法确定类型后再调用类型的专有方法。示例如下：

```
//Int*, Uint*, Float*, Complex*: Bits
//Array: Elem, Len
//Chan: ChanDir, Elem
//Func: In, NumIn, Out, NumOut, IsVariadic.
//Map: Key, Elem
//Ptr: Elem
//Slice: Elem
//Struct: Field, FieldByIndex, FieldByName, FieldByNameFunc, NumField

//返回类型的元素类型，该方法只适合 Array、Chan、Map、Ptr、Slice 类型
Elem() Type

//返回数值型类型内存占用的位数
Bits() int

//struct 类型专用的方法
//返回字段数目
NumField() int
//通过整数索引获取 struct 字段
Field(i int) StructField
//获取嵌入字段获取 struct 字段
FieldByIndex(index []int) StructField
//通过名字查找获取 struct 字段
FieldByName(name string) (StructField, bool)

//func 类型专用的方法
//函数是否是不定参数函数
IsVariadic() bool
//输入参数个数
NumIn() int
```

```
    //返回值个数
    NumOut() int
    //返回第 i 个输入参数类型
    In(i int) Type
    //返回第 i 个返回值类型
    Out(i int) Type

    //map 类型专用的方法
    //返回 map key 的 type
    Key() Type
```

下面通过一个具体的示例来看一下 reflect.TypeOf()函数的基本功能。

```go
package main

import (
    "fmt"
    "reflect"
)

type Student struct {
    Name string "学生姓名"
    Age  int    `a:"1111"b:"3333"` //这个不是单引号，而是~键上的符号
}

func main() {
    s := Student{}
    rt := reflect.TypeOf(s)
    fieldName, ok := rt.FieldByName("Name")

    //取 tag 数据
    if ok {
        fmt.Println(fieldName.Tag)
    }
    fieldAge, ok2 := rt.FieldByName("Age")

    /*可以像 JSON 一样，取 tag 里的数据，多个 tag 之间无逗
    号，tag 不需要引号*/
    if ok2 {
```

```
        fmt.Println(fieldAge.Tag.Get("a"))
        fmt.Println(fieldAge.Tag.Get("b"))
    }

    fmt.Println("type_Name:", rt.Name())
    fmt.Println("type_NumField:", rt.NumField())
    fmt.Println("type_PkgPath:", rt.PkgPath())
    fmt.Println("type_String:", rt.String())

    fmt.Println("type.Kind.String:", rt.Kind().String())
    fmt.Println("type.String()=", rt.String())

    //获取结构类型的字段名称
    for i := 0; i < rt.NumField(); i++ {
        fmt.Printf("type.Field[%d].Name:=%v \n", i, rt.Field(i).Name)
    }

    sc := make([]int, 10)
    sc = append(sc, 1, 2, 3)
    sct := reflect.TypeOf(sc)

    //获取 slice 元素的 Type
    scet := sct.Elem()

    fmt.Println("slice element type.Kind()=", scet.Kind())
    fmt.Printf("slice element type.Kind()=%d\n", scet.Kind())
    fmt.Println("slice element type.String()=", scet.String())

    fmt.Println("slice element type.Name()=", scet.Name())
    fmt.Println("slice type.NumMethod()=", scet.NumMethod())
    fmt.Println("slice type.PkgPath()=", scet.PkgPath())
    fmt.Println("slice type.PkgPath()=", sct.PkgPath())

}

//程序结果
学生姓名
1111
```

```
3333
type_Name: Student
type_NumField: 2
type_PkgPath: main
type_String: main.Student
type.Kind.String: struct
type.String()= main.Student
type.Field[0].Name:=Name
type.Field[1].Name:=Age
slice element type.Kind()= int
slice element type.Kind()=2
slice element type.String()= int
slice element type.Name()= int
slice type.NumMethod()= 0
slice type.PkgPath()=
slice type.PkgPath()=
```

对于 reflect.TypeOf(a)，传进去的实参 a 有两种类型，一种是接口变量，另一种具体类型变量。如果 a 是具体类型变量，则 reflect.TypeOf()返回的是具体的类型信息；如果 a 是一个接口变量，则函数的返回结果又分两种情况：如果 a 绑定了具体类型实例，则返回的是接口的动态类型，也就是 a 绑定的具体实例类型的信息，如果 a 没有绑定具体类型实例，则返回的是接口自身的静态类型信息。下面以一个示例来看一下这种特性。

```
package main

import (
    "reflect"
)

type INT int

type A struct {
    a int
}

type B struct {
    b string
}
```

```
type Ita interface {
    String() string
}

func (b B) String() string {
    return b.b
}

func main() {
    var a INT = 12
    var b int = 14

    //实参是具体类型，reflect.TypeOf 返回是其静态类型
    ta := reflect.TypeOf(a)
    tb := reflect.TypeOf(b)

    //INT 和 int 是两个类型，二者不相等
    if ta == tb {
        println("ta==tb")
    } else {
        println("ta!=tb") //ta!=tb
    }

    println(ta.Name()) //INT
    println(tb.Name()) // int

    //底层基础类型
    println(ta.Kind().String()) //int
    println(tb.Kind().String()) //int

    s1 := A{1}
    s2 := B{"tata"}

    //实参是具体类型，reflect.TypeOf 返回的是其静态类型
    println(reflect.TypeOf(s1).Name()) //A
    println(reflect.TypeOf(s2).Name()) //B
```

```
                //Type 的 Kind()方法返回的是基础类型，类型 A 和 B 的底层基础类型都是 struct
                println(reflect.TypeOf(s1).Kind().String()) //struct
                println(reflect.TypeOf(s2).Kind().String()) //struct

                ita := new(Ita)
                var itb Ita = s2

                //实参是未绑定具体变量的接口类型，reflect.TypeOf 返回的是接口类型本身
                //也就是接口的静态类型
                println(reflect.TypeOf(ita).Elem().Name())            //Ita
                println(reflect.TypeOf(ita).Elem().Kind().String()) //interface

                //实参是绑定了具体变量的接口类型，reflect.TypeOf 返回的是绑定的具体类型
                //也就是接口的动态类型
                println(reflect.TypeOf(itb).Name())            //B
                println(reflect.TypeOf(itb).Kind().String()) //struct

        }
```

reflect.Value

reflect.Value 表示实例的值信息，reflect.Value 是一个 struct，并提供了一系列的 method 给使用者。先来看一下 Value 的基本数据结构：

```
type Value struct {
        //typ holds the type of the value represented by a Value.
        typ *rtype

        //Pointer-valued data or, if flagIndir is set, pointer to data.
        //Valid when either flagIndir is set or typ.pointers() is true.
        ptr unsafe.Pointer
        //
        flag
}
```

refelct.Value 总共有三个字段，一个是值的类型指针 typ，另一个是指向值的指针 ptr，最后一个是标记字段 flag。

反射包中通过 reflect.ValueOf()函数获取实例的值信息。reflect.ValueOf()的原型如下：

```
func ValueOf(i interface{}) Value
```

输入参数是空接口，输出是一个 Value 类型的变量。Value 本身提供了丰富的 API 给用户使用。先来看一个简单示例。

```
package main

import (
    "fmt"
    "reflect"
)

type User struct {
    Id   int
    Name string
    Age  int
}

func (this User) String() {
    println("User:", this.Id, this.Name, this.Age)
}

func Info(o interface{}) {
    //获取 Value 信息
    v := reflect.ValueOf(o)

    //通过 value 获取 Type
    t := v.Type()

    //类型名称
    println("Type:", t.Name())

    //访问接口字段名、字段类型和字段值信息
    println("Fields:")
    for i := 0; i < t.NumField(); i++ {
        field := t.Field(i)
        value := v.Field(i).Interface()

        //类型查询
```

```
        switch value := value.(type) {
        case int:
            fmt.Printf(" %6s: %v = %d\n", field.Name, field.Type, value)
        case string:
            fmt.Printf(" %6s: %v = %s\n", field.Name, field.Type, value)
        default:
            fmt.Printf(" %6s: %v = %s\n", field.Name, field.Type, value)


        }
    }
}
func main() {
    u := User{1, "Tom", 30}
    Info(u)
}

//程序执行结果

Type: User
Fields:
     Id: int = 1
   Name: string = Tom
    Age: int = 30
```

6.1.2 基础类型

Type 接口有一个 Kind()方法，返回的是一个整数枚举值，不同的值代表不同的类型。这里的类型是一个抽象的概念，我们暂且称之为"基础类型"，比如所有的结构都归结为一种基础类型 struct，所有的函数都归结为一种基础类型 func。基础类型是根据编译器、运行时构建类型的内部数据结构不同来划分的，不同的基础类型，其构建的最终内部数据结构不一样。

Go 的具体类型可以定义成千上万种，单单一个 struct 就可以定义出很多新类型，但是它们都归结为一种基础类型 struct。基础类型是抽象的，其种类有限。Go 总共定义了 26 种基础类型，具体如下：

```
//Kind用来表示特定的类型，每个枚举值代表一种类型
type Kind uint
```

```
const (
    Invalid Kind = iota
    Bool
    Int
    Int8
    Int16
    Int32
    Int64
    Uint
    Uint8
    Uint16
    Uint32
    Uint64
    Uintptr
    Float32
    Float64
    Complex64
    Complex128
    Array
    Chan
    Func
    Interface
    Map
    Ptr
    Slice
    String
    Struct
    UnsafePointer
)
```

底层类型和基础类型

底层类型和基础类型的区别在于，基础类型是抽象的类型划分，底层类型是针对每一个具体的类型来定义的，比如不同的 struct 类型在基础类型上都划归为 sturct 类型，但不同的 struct 底层类型是不一样的。示例如下：

```
type A struct {
    a int
}
```

```
type Aa A

type B struct {
    b int
}
```

A、Aa、B 的基础类型都是 struct，B 的底层类型是其自身（参见 3.1.2 节底层类型），A 和 Aa 的底层类型都是 A。

6.1.3 类型汇总

到目前为止，Go 类型的概念就介绍完了，现做一个总结。关于类型先后介绍过如下概念：

简单类型 复合类型 类型字面量 自定义类型

命名类型 未命名类型

接口类型 具体类型

底层类型 基础类型

动态类型 静态类型

Go 的类型看似很复杂，其实 Go 的类型非常精炼，这些类型概念之间的关系如图 6-1 所示。

为什么本书一遍遍地介绍类型的概念？因为类型在 Go 语言中实在太重要了，很多语言特性都是在类型系统的基础上构建起来的，比如接口、反射等。掌握了 Go 的类型，也为掌握其他语言特性打下了坚实的基础。

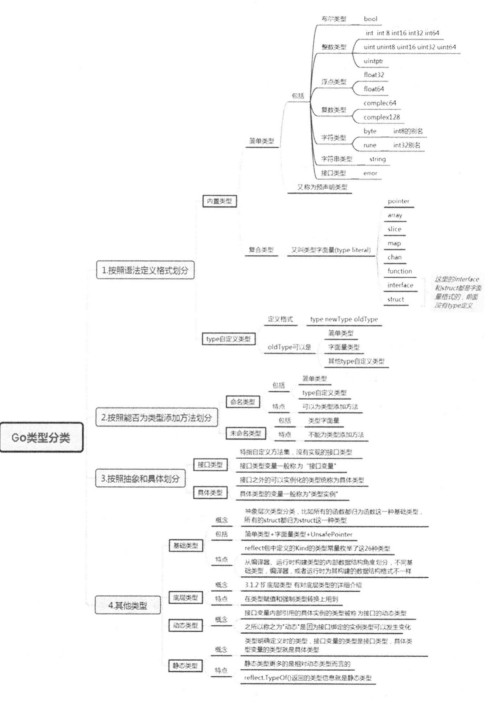

图 6-1 Go 类型总结

6.2 反射规则

前面讲解了 Value 和 Type 的基本概念，本节重点讲解反射对象 Value、Type 和类型实例之间的相互转化。实例、Value、Type 三者之间的转换关系如图 6-2 所示。

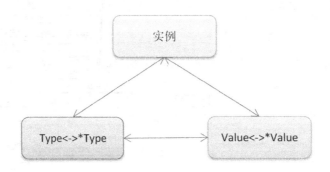

图 6-2 反射对象关系

6.2.1 反射 API

反射 API 的分类总结如下。

1. 从实例到 Value

通过实例获取 Value 对象，直接使用 reflect.ValueOf()函数。例如：

```
func ValueOf(i interface{}) Value
```

2. 从实例到 Type

通过实例获取反射对象的 Type，直接使用 reflect.TypeOf()函数。例如：

```
func TypeOf(i interface{}) Type
```

3. 从 Type 到 Value

Type 里面只有类型信息，所以直接从一个 Type 接口变量里面是无法获得实例的 Value 的，但可以通过该 Type 构建一个新实例的 Value。reflect 包提供了两种方法，示例如下：

```
//New 返回的是一个 Value，该 Value 的 type 为 PtrTo(typ)，即 Value 的 Type 是指定 typ
//的指针类型
func New(typ Type) Value
```

```
//Zero返回的是一个typ类型的零值，注意返回的Value不能寻址，值不可改变
func Zero(typ Type) Value
```

如果知道一个类型值的底层存放地址，则还有一个函数是可以依据type和该地址值恢复出Value的。例如：

```
func NewAt(typ Type, p unsafe.Pointer) Value
```

4. 从 Value 到 Type

从反射对象 Value 到 Type 可以直接调用 Value 的方法，因为 Value 内部存放着到 Type 类型的指针。例如：

```
func (v Value) Type() Type
```

5. 从 Value 到实例

Value 本身就包含类型和值信息，reflect 提供了丰富的方法来实现从 Value 到实例的转换。例如：

```
//该方法最通用，用来将Value转换为空接口，该空接口内部存放具体类型实例
//可以使用接口类型查询去还原为具体的类型
func (v Value) Interface() (i interface{})

//Value自身也提供丰富的方法，直接将Value转换为简单类型实例，如果类型不匹配，则直接
//引起panic
func (v Value) Bool() bool
func (v Value) Float() float64
func (v Value) Int() int64
func (v Value) Uint() uint64
```

6. 从 Value 的指针到值

从一个指针类型的 Value 获得值类型 Value 有两种方法，示例如下。

```
//如果v类型是接口，则Elem()返回接口绑定的实例的Value，如果v类型是指针，则返回指
//针值的Value，否则引起panic
func (v Value) Elem() Value

//如果v是指针，则返回指针值的Value，否则返回v自身，该函数不会引起panic
func Indirect(v Value) Value
```

7．Type 指针和值的相互转换

（1）指针类型 Type 到值类型 Type。例如：

```
//t 必须是 Array、Chan、Map、Ptr、Slice，否则会引起 panic
//Elem 返回的是其内部元素的 Type
t.Elem() Type
```

（2）值类型 Type 到指针类型 Type。例如：

```
//PtrTo 返回的是指向 t 的指针型 Type
func PtrTo(t Type) Type
```

8．Value 值的可修改性

Value 值的修改涉及如下两个方法：

```
//通过 CanSet 判断是否能修改
func (v Value) CanSet() bool

//通过 Set 进行修改
func (v Value) Set(x Value)
```

Value 值在什么情况下可以修改？我们知道实例对象传递给接口的是一个完全的值拷贝，如果调用反射的方法 reflect.ValueOf()传进去的是一个值类型变量，则获得的 Value 实际上是原对象的一个副本，这个 Value 是无论如何也不能被修改的。如果传进去的是一个指针，虽然接口内部转换的也是指针的副本，但通过指针还是可以访问到最原始的对象，所以此种情况获得的 Value 是可以修改的。下面来看一个简单的示例。

```
package main

import (
    "fmt"
    "reflect"
)

type User struct {
    Id   int
    Name string
    Age  int
}
```

```go
func main() {
    u := User{Id: 1, Name: "andes", Age: 20}

    va := reflect.ValueOf(u)
    vb := reflect.ValueOf(&u)

    //值类型是可修改的
    fmt.Println(va.CanSet(), va.FieldByName("Name").CanSet()) //false false

    //指针类型是可修改的
    fmt.Println(vb.CanSet(), vb.Elem().FieldByName("Name").CanSet()) //false true

    fmt.Printf("%v\n", vb)
    name := "shine"
    vc := reflect.ValueOf(name)

    //通过 Set 函数修改变量的值
    vb.Elem().FieldByName("Name").Set(vc)
    fmt.Printf("%v\n", vb)

}
//运行结果:
false false
false true
&{1 andes 20}
&{1 shine 20}
```

6.2.2　反射三定律

有篇著名介绍 Go 语言反射的文章叫《The Laws of Reflection》，归纳出反射的三定律，6.2.1 节已经完全覆盖了反射三定律，甚至比反射三定律更加全面。由于这篇文章比较有名，这里将反射三定律和 6.2.1 节内容进行对比。

（1）反射可以从接口值得到反射对象。这条规则对应 6.2.1 节第 1 和第 2 条 API。

（2）反射可以从反射对象获得接口值。这条规则对应 6.2.1 节第 5 条 API。

（3）若要修改一个反射对象，则其值必须可以修改。这条规则对应 6.2.1 节第 7 条 API。

6.3 inject 库

6.3.1 inject 是什么

前面已经对反射的基本概念和相关 API 进行了讲解，本节结合一个非常著名的包 inject 展开讲解，inject 借助反射提供了对 2 种类型实体的注入：函数和结构。Go 著名的 Web 框架 martini 的依赖注入使用的就是这个包。

6.3.2 依赖注入和控制反转

在介绍 inject 之前先简单介绍"依赖注入"和"控制反转"的概念。正常情况下，对函数或方法的调用是调用方的主动直接行为，调用方清楚地知道被调的函数名是什么，参数有哪些类型，直接主动地调用；包括对象的初始化也是显式地直接初始化。所谓的"控制反转"就是将这种主动行为变成间接的行为，主调方不是直接调用函数或对象，而是借助框架代码进行间接的调用和初始化，这种行为我们称为"控制反转"，控制反转可以解耦调用方和被调方。

"库"和"框架"能很好地解释"控制反转"的概念。一般情况下，使用库的程序是程序主动地调用库的功能，但使用框架的程序常常由框架驱动整个程序，在框架下写的业务代码是被框架驱动的，这种模式就是"控制反转"。

"依赖注入"是实现"控制反转"的一种方法，如果说"控制反转"是一种设计思想，那么"依赖注入"就是这种思想的一种实现，通过注入的参数或实例的方式实现控制反转。如果没有特殊说明，我们通常说的"依赖注入"和"控制反转"是一个东西。

读者可能会疑惑，为什么不直接光明正大地调用，而非要拐弯抹角地进行间接调用，控制反转的价值在哪里呢？一句话"解耦"，有了控制反转就不需要调用者将代码写死，可以让控制反转的框架代码读取配置，动态地构建对象，这一点在 Java 的 Spring 框架中体现得尤为突出。

控制反转是解决复杂问题一种方法，特别是在 Web 框架中为路由和中间件的灵活注入提供了很好的方法。但是软件开发没有银弹，当问题足够复杂时，应该考虑的是服务拆分，而不是把复杂的逻辑用一个"大盒子"装起来，看起来干净了，但也只是看起来干净，实现还是很复杂，这也是使用框架带来的副作用。

6.3.3 inject 实践

inject 是 Go 语言依赖注入的实现，它实现了对结构（struct）和函数的依赖注入。在介绍具体实现之前，先来想一个问题，如何通过一个字符串类型的函数名调用函数。Go 没有 Java 中的 Class.forName 方法可以通过类名直接构造对象，所以这种方法是行不通的，能想到的方法就是使用 map 实现一个字符串到函数的映射，代码如下：

```go
func f1() {
    println("f1")
}

func f2() {
    println("f2")
}

funcs := make(map[string]func())
funcs["f1"] = f1
funcs["f2"] = f1

funcs["f1"]()
funcs["f2"]()
```

但是这有个缺陷，就是 map 的 Value 类型被写成 func()，不同参数和返回值的类型的函数并不能通用。将 map 的 Value 定义为 interface{}空接口类型是否能解决该问题？可以解决该问题，但需要借助类型断言或反射来实现，通过类型断言实现等于又绕回去了，反射是一种可行的办法。inject 包借助反射实现函数的注入调用，下面通过一个例子来看一下。

```go
package main

import (
    "fmt"
    "github.com/codegangsta/inject"
)

type S1 interface{}
type S2 interface{}

func Format(name string, company S1, level S2, age int) {
```

```
        fmt.Printf("name=%s, company=%s, level=%s, age=%d!\n", name, company,
level, age)
    }

    func main() {

        //控制实例的创建
        inj := inject.New()

        //实参注入
        inj.Map("tom")
        inj.MapTo("tencent", (*S1)(nil))
        inj.MapTo("T4", (*S2)(nil))
        inj.Map(23)

        //函数反转调用
        inj.Invoke(Format)
    }
```

执行结果：

```
name=tom, company=tencent, level=T4, age=23!
```

可见 inject 提供了一种注入参数调用函数的通用功能，inject.New() 相当于创建了一个控制实例，由其来实现对函数的注入调用。inject 包不但提供了对函数的注入，还实现了对 struct 类型的注入，看下一个示例。

```
package main

import (
    "fmt"
    "github.com/codegangsta/inject"
)

type S1 interface{}
type S2 interface{}

type Staff struct {
    Name    string `inject`
```

```
    Company S1     `inject`
    Level   S2     `inject`
    Age     int    `inject`
}

func main() {
    //创建被注入实例
    s := Staff{}

    //控制实例的创建
    inj := inject.New()

    //初始化注入值
    inj.Map("tom")
    inj.MapTo("tencent", (*S1)(nil))
    inj.MapTo("T4", (*S2)(nil))
    inj.Map(23)

    //实现对 struct 注入
    inj.Apply(&s)

    //打印结果
    fmt.Printf("s=%v\n", s)

}
```

执行结果：

```
s={tom tencent T4 23}
```

可以看到 inject 提供了一种对结构类型的通用注入方法。至此，我们仅仅从宏观层面了解 inject 能做什么，下一节从源码实现角度来分析 inject。

6.3.4   inject 原理分析

inject 包只有 178 行代码（包括注释），却提供了一个完美的依赖注入实现，下面采用自顶向下的方法分析其实现原理。

入口函数 New

inject.New()函数构建一个具体类型 injector 实例作为内部注入引擎,返回的是一个 Injector 类型的接口。这里也体现了一种面向接口的设计思想:对外暴露接口方法,对外隐藏内部实现。示例如下:

```
func New() Injector {
    return &injector{
        values: make(map[reflect.Type]reflect.Value),
    }
}
```

接口设计

下面来看一下具体的接口设计,Injector 暴露了所有方法给外部使用者,这些方法又可以归纳为两大类。第一类方法是对参数注入进行初始化,将结构类型的字段的注入和函数的参数注入统一成一套方法实现;第二类是专用注入实现,分别是生成结构对象和调用函数方法。

在代码设计上,inject 将接口的粒度拆分得很细,将多个接口组合为一个大的接口,这也符合 Go 的 Duck 类型接口设计的原则。Injector 按照上述方法拆分为三个接口。示例如下:

```
type Injector interface {

    //抽象生成注入结构实例的接口
    Applicator

    //抽象函数调用的接口
    Invoker

    //抽象注入参数的接口
    TypeMapper

    //实现一个注入实例链,下游的能覆盖上游的类型
    SetParent(Injector)
}
```

TypeMapper 接口实现对注入参数操作的汇总,包括设置和查找相关的类型和值的方法。注意:无论函数的实参,还是结构的字段,在 inject 内部,都存放在 `map[reflect.Type]reflect.Value` 类型的 map 里面,具体实现在后面介绍 injector 时会讲解。

```
type TypeMapper interface {
    //如下三个方法是设置参数
    Map(interface{}) TypeMapper
    MapTo(interface{}, interface{}) TypeMapper
    Set(reflect.Type, reflect.Value) TypeMapper

    //查找参数
    Get(reflect.Type) reflect.Value
}
```

Invoker 接口中 Invoke 方法是对被注入实参函数的调用：

```
type Invoker interface {
    Invoke(interface{}) ([]reflect.Value, error)
}
```

Applicator 接口中 Apply 方法实现对结构的注入：

```
type Applicator interface {
    Apply(interface{}) error
}
```

结合 6.3.3 节示例代码，再来梳理整个 inject 包的处理流程：

（1）通过 inject.New() 创建注入引擎，注入引擎被隐藏，返回的是 Injector 接口类型变量。

（2）调用 TypeMapper 接口（Injector 内嵌 TypeMapper）的方法注入 struct 的字段值或函数的实参值。

（3）调用 Invoker 方法执行被注入的函数，或者调用 Applicator 接口方法获得被注入后的结构实例。

内部实现

下面具体看一下 inject 内部注入引擎 injector 的实现，首先看一下 injector 的数据结构。

```
type injector struct {
    values map[reflect.Type]reflect.Value
    parent Injector
}
```

values 里面存放的可以是被注入 struct 的字段类型和值，也可以是函数实参的类型和值。注意：values 是以 reflect.Type 为 Key 的 map，如果一个结构的字段类型相同，则后面注入的参数会覆盖前面的参数，规避办法是使用 **MapTo** 方法，通过抽象出一个接口类型来避免被覆盖。

```go
func (i *injector) MapTo(val interface{}, ifacePtr interface{}) TypeMapper {
    i.values[InterfaceOf(ifacePtr)] = reflect.ValueOf(val)
    return i
}
```

injector 里面的 parent 的作用是实现多个注入引擎，其构成了一个链。

下面重点分析 injector 对函数的注入实现。示例如下：

```go
func (inj *injector) Invoke(f interface{}) ([]reflect.Value, error) {

    //获取函数类型的 Type
    t := reflect.TypeOf(f)

    //构造一个存放函数实参 Value 值的数组
    var in = make([]reflect.Value, t.NumIn())

    //使用反射获取函数实参 reflect.Type，逐个去 injector 中查找注入的 Value 值
    for i := 0; i < t.NumIn(); i++ {
        argType := t.In(i)
        val := inj.Get(argType)
        if !val.IsValid() {
            return nil, fmt.Errorf("Value not found for type %v", argType)
        }

        in[i] = val
    }

    //反射调用函数
    return reflect.ValueOf(f).Call(in), nil
}
```

inject 对函数注入调用实现很简洁，就是从 injector 里面获取函数实参，然后调用函数。

通过对 inject 包的分析，认识到其"短小精悍"、功能强大，这些实现的基础是依靠反射。但同时注意到包含反射的代码相对来说复杂难懂，虽然 inject 的实现只有短短 200 行代码，但阅读起来并不是很流畅。所以说反射是一把双刃剑，好用但代码不好读。

6.4　反射的优缺点

6.4.1　反射的优点

1．通用性

特别是一些类库和框架代码需要一种通用的处理模式，而不是针对每一种场景做硬编码处理，此时借助反射可以极大地简化设计。

2．灵活性

反射提供了一种程序了解自己和改变自己的能力，这为一些测试工具的开发提供了有力的支持。

6.4.2　反射的缺点

1．反射是脆弱的

由于反射可以在程序运行时修改程序的状态，这种修改没有经过编译器的严格检查，不正确的修改很容导致程序的崩溃。

2．反射是晦涩难懂的

语言的反射接口由于涉及语言的运行时，没有具体的类型系统的约束，接口的抽象级别高但实现细节复杂，导致使用反射的代码难以理解。

3．反射有部分性能损失

反射提供动态修改程序状态的能力，必然不是直接的地址引用，而是要借助运行时构造一个抽象层，这种间接访问会有性能的损失。

6.4.3　反射的最佳实践

（1）在库或框架内部使用反射，而不是把反射接口暴露给调用者，复杂性留在内部，简单性放到接口。

（2）框架代码才考虑使用反射，一般的业务代码没有必要抽象到反射的层次，这种过度设计会带来复杂度的提升，使得代码难以维护。

（3）除非没有其他办法，否则不要使用反射技术。

第 7 章
语言陷阱

Go 语言语法简单，类型系统设计得"短小精悍"，但也不是完美无瑕的。Go 语言也有一些特性让初次使用者感到困惑。本章就以此为题材，逐个介绍 Go 语言的"陷阱"，解除初学者的困惑，避免犯错。Go 语言提供了 go fmt，能够保证代码格式的一致性，在一些代码的书写方式上，Go 语言同样有自己的惯用写法，只是这些规则是"潜规则"。本章最后介绍 Go 语言源码书写的惯用方法。

7.1 多值赋值和短变量声明

Go 语言支持多值赋值，在函数或方法内部也支持短变量声明并赋值，同时 Go 语言依据类型字面量的值能够自动进行类型推断。

7.1.1 多值赋值

可以一次性声明多个变量，并可以在声明时赋值，而且可以省略类型，但必须遵守一定的规则要求，具体看下面的示例。

- 如下都是合法的

```
//相同类型的变量可以在末尾带上类型
var x, y int
```

```
var x, y int = 1, 2

//如果不带类型编译器，则可以直接进行类型推断
var x, y = 1, 2
var x, y = 1, "tata"

//不同类型的变量声明和隐式初始化可以使用如下语法
var (
    x int
    y string
)
```

- 如下都是非法的

```
//多值赋值语句中每个变量后面不能都带上类型
var x int, y int = 1, 2
var x int, y string = 1, "tata"
var x int, y int
var x int, y string
```

多值赋值的两种格式

（1）右边是一个返回多值的表达式，可以是返回多值的函数调用，也可以是 range 对 map、slice 等函数的操作，还可以是类型断言。例如：

```
//函数调用
x,y = f()

//range 表达式
for k,v := range map {
}

//type assertion
v,ok := i.(xxxx)
```

（2）赋值的左边操作数和右边的单一返回值的表达式的个数一样，逐个从左向右依次对左边的操作数赋值。例如：

```
    x, y, z, = a, b, c
```

多值赋值语义

多值赋值看似简化了代码，但相互引用会产生让人困惑的结果。关键是要理解多值赋值的语义，才能消除这种困惑。多值赋值包括两层语义：

（1）对左侧操作数中的表达式、索引值进行计算和确定，首先确定左侧的操作数的地址；然后对右侧的赋值表达式进行计算，如果发现右侧的表达式计算引用了左侧的变量，则创建临时变量进行值拷贝，最后完成计算。

（2）从左到右的顺序依次赋值。

看下面的示例：

```
 1 package main
 2
 3 import "fmt"
 4
 5 func main() {
 6    x := []int{1, 2, 3}
 7    i := 0
 8    i, x[i] = 1, 2 // set i = 1, x[0] = 2
 9    fmt.Println(i, x)
10
11    x = []int{1, 2, 3}
12    i = 0
13    x[i], i = 2, 1 // set x[0] = 2, i = 1
14    fmt.Println(i, x)
15
16    x = []int{1, 2, 3}
17    i = 0
18    x[i], i = 2, x[i] // set tmp=x[0], x[0]=2 ,i=tmp ==>i=1
19
20    fmt.Println(i, x)
21
22    x[0], x[0] = 1, 2 // set x[0] = 1, then x[0] = 2 (so x[0] == 2 at end)
23
24    fmt.Println(x[0])
25 }
```

执行结果：

```
1 [2 2 3]
1 [2 2 3]
1 [2 2 3]
2
```

结果分析：

（1）第 8 行先计算 x[i] 中的数组索引 i 的值，此时 i=0，两个被赋值变量是 i 和 x[0]，然后从左向右赋值操作 i=1，x[0]=2。

（2）第 13 行和第 8 行的逻辑一样。

（3）第 16 行先计算赋值语句左右两侧 x[i] 中的数组索引 i 的值，此时 i=0，两个被赋值变量是 i 和 x[0]，两个赋值变量分别是 2、x[0]。由于 x[0] 是左边的操作数，所以编译器创建一个临时变量 tmp，将其赋值为 x[0]，然后从左向右依次赋值操作 x[0]=2，i=tmp，i 的值为 1。

（4）第 22 行按照从左到右的执行顺序，先执行 x[0]=1，然后执行 x[0]=2，所以最后 x[0] 的值为 2。

为了验证在赋值语句中分配临时变量的事实，我们以最简单的赋值语句 a,b = b,a 为例，看一下汇编代码。

源程序：

```
1 package main
2
3 func main() {
4     a, b := 1, 2
5     a, b = b, a
6     println(a, b)
7 }
```

对应的汇编代码：

```
1 "".main STEXT size=145 args=0x0 locals=0x28
2     0x0000 00000 (c7_1_1b.go:3)  TEXT    "".main(SB), $40-0
3     0x0000 00000 (c7_1_1b.go:3)  MOVQ    (TLS), CX
4     0x0009 00009 (c7_1_1b.go:3)  CMPQ    SP, 16(CX)
5     0x000d 00013 (c7_1_1b.go:3)  JLS 135
6     0x000f 00015 (c7_1_1b.go:3)  SUBQ    $40, SP
7     0x0013 00019 (c7_1_1b.go:3)  MOVQ    BP, 32(SP)
8     0x0018 00024 (c7_1_1b.go:3)  LEAQ    32(SP), BP
9     0x001d 00029 (c7_1_1b.go:3)  FUNCDATA    $0,
```

```
gclocals·33cdeccccebe80329f1fdbee7f5874cb(SB)
    10    0x001d 00029 (c7_1_1b.go:3) FUNCDATA    $1,
gclocals·33cdeccccebe80329f1fdbee7f5874cb(SB)
    11    0x001d 00029 (c7_1_1b.go:4) MOVQ    $1, "".a+16(SP)
    12    0x0026 00038 (c7_1_1b.go:4) MOVQ    $2, "".b+8(SP)
    13    0x002f 00047 (c7_1_1b.go:5) MOVQ    "".a+16(SP), AX
    14    0x0034 00052 (c7_1_1b.go:5) MOVQ    AX, ""..autotmp_2+24(SP)
    15    0x0039 00057 (c7_1_1b.go:5) MOVQ    "".b+8(SP), AX
    16    0x003e 00062 (c7_1_1b.go:5) MOVQ    AX, "".a+16(SP)
    17    0x0043 00067 (c7_1_1b.go:5) MOVQ    ""..autotmp_2+24(SP), AX
    18    0x0048 00072 (c7_1_1b.go:5) MOVQ    AX, "".b+8(SP)
```

结果分析：

（1）第 1～10 行是初始化环境。

（2）第 11～12 行是使用立即数 1、2 初始化 a、b 变量。

（3）第 13～14 行是创建临时变量 autotmp_2+24(SP)，并将 a 的值赋值给它。

（4）第 15～16 行是复制 b 的值给 a。

（5）第 17～18 行是复制临时变量 autotmp_2+24(SP)给 a。

由此可见，赋值过程中确实会使用临时变量。

7.1.2　短变量的声明和赋值

短变量的声明和赋值是指在 Go 函数或类型方法内部使用 ":=" 声明并初始化变量，支持多值赋值，格式如下：

```
a := va
a, b := va, vb
```

短变量的声明和赋值的语法要约：

（1）使用 ":=" 操作符，变量的定义和初始化同时完成。

（2）变量名后不要跟任何类型名，Go 编译器完全靠右边的值进行推导。

（3）支持多值短变量声明赋值。

（4）只能用在函数和类型方法的内部。

短变量的声明和赋值中的最容易产生歧义的是多值短变量的声明和赋值，这个问题的根源是 Go 语言的语法允许多值短变量声明和赋值的多个变量中，只要有一个是新变量就可以使用

"：="进行赋值。也就是说，在多值短变量的声明和赋值时，至少有一个变量是新创建的局部变量，其他的变量可以复用以前的变量，不是新创建的变量执行的仅仅是赋值。来看一个具体的示例。

```
package main

var n int

func foo() (int, error) {
    return 1, nil
}

//访问全局变量 n
func g() {
    println(n)
}

func main() {
    //此时 main 函数作用域里面没有 n
    //所以创建新的局部变量 n
    n, _ := foo()

    //访问的是全局变量 n
    g() //0

    //访问的是 main 函数作用域下的 n
    println(n) //1

}
```

通过上例分析得知，a, b := va, vb 什么时候定义新变量，什么时候复用已存在变量有以下规则：

（1）如果想编译通过，则 a 和 b 中至少要有一个是新定义的局部变量。换句话说，在此语句所在代码块中，不能同时预先声明 a、b 两个局部变量。

（2）如果在赋值语句 a,b := va, vb 所在的代码块中已经存在一个局部变量 a，则赋值语句 a,b:=va,vb 不会创建新变量 a，而是直接使用 va 赋值给已经声明的局部变量 a，但是会创建新变量 b，并将 vb 赋值给 b。

（3）如果在赋值语句 a,b := va,vb 所在的代码块中没有局部变量 a 和 b，但在全局命名空间有变量 a 和 b，则该语句会创建新的局部变量 a 和 b 并使用 va、vb 初始化它们。此时赋值语句所在的局部作用域类内，全局的 a 和 b 被屏蔽。

赋值操作符"="和":="的区别：

（1）"="不会声明并创建新变量，而是在当前赋值语句所在的作用域由内向外逐层去搜寻变量，如果没有搜索到相同变量名，则报编译错误。

（2）":="必须出现在函数或类型方法内部。

（3）":="至少要创建一个局部变量并初始化。

示例如下：

```
func f() {
    var a ,b int
    //如下语句不能通过编译，原因是没有创建新变量，无法使用":="
    a, b := 1,2
}

func f() {
    var a int
    //如下语句能通过编译，a 是上条语句声明的 a，b 是新创建的
    a, b := 1,2
}

func f() {

    //如下语句能通过编译，a、b 都是新创建的
    a, b := 1,2
}
```

如何避免":="引入的副作用？一个好办法就是先声明变量，然后使用"="赋值。例如：

```
func f() {
    var a ,b int
    a, b = 1,2
}
```

多值短变量声明赋值":="的最佳使用场景是在错误处理上。例如：

```
a , err := f()
if err != nil {
    xxx
}

//此时 err 可以是已存在的 err 变量，只是重新赋值了
b , err := g()
```

7.2 range 复用临时变量

先来看一段简单的代码：

```
package main

import "sync"

func main() {

    wg := sync.WaitGroup{}

    si := []int{1, 2, 3, 4, 5, 6, 7, 8, 9, 10}

    for i := range si {
        wg.Add(1)
        go func() {
            println(i)
            wg.Done()
        }()
    }
    wg.Wait()

}
```

运行结果：

```
9
9
9
9
```

```
9
9
9
9
9
9
```

程序结果并没有如我们预期一样遍历切片 si，而是全部打印 9，有两点原因导致这个问题：

（1）for range 下的迭代变量 i 的值是共用的。

（2）main 函数所在的 goroutine 和后续启动的 goroutines 存在竞争关系。

使用 go run -race 来看一下数据竞争情况：

```
#CGO_ENABLED=1 go run -race src/c7_2_1a.go
==================
WARNING: DATA RACE
Read at 0x00c4200140b8 by goroutine 13:
  main.main.func1()
      /project/go/src/gitbook/gobook/chapter7/src/c7_2_1a.go:14 +0x38

Previous write at 0x00c4200140b8 by main goroutine:
  main.main()
      /project/go/src/gitbook/gobook/chapter7/src/c7_2_1a.go:11 +0xdf

Goroutine 13 (running) created at:
  main.main()
      /project/go/src/gitbook/gobook/chapter7/src/c7_2_1a.go:13 +0x135
==================
9
9
9
9
9
9
9
9
9
9
Found 1 data race(s)
```

exit status 66

可以看到 Goroutine 13 和 main goroutine 存在数据竞争，更进一步证实了 range 共享临时变量。range 在迭代写的过程中，多个 goroutine 并发地去读。

正确的写法是使用函数参数做一次数据复制，而不是闭包。示例如下：

```
package main

import "sync"

func main() {

    wg := sync.WaitGroup{}

    si := []int{1, 2, 3, 4, 5, 6, 7, 8, 9, 10}

    for i := range si {
        wg.Add(1)

        //这里有一个实参到形参的值拷贝
        go func(a int) {
            println(a)
            wg.Done()
        }(i)
    }
    wg.Wait()

}
```

运行结果：

```
9
0
1
2
3
4
5
6
```

```
7
8
```

可以看到新程序的运行结果符合预期。这个不能说是缺陷，而是 Go 语言设计者为了性能而选择的一种设计方案，因为大多情况下 for 循环块里的代码是在同一个 goroutine 里运行的，为了避免空间的浪费和 GC 的压力，复用了 range 迭代临时变量。语言使用者明白这个规约，在 for 循环下调用并发时要复制迭代变量后再使用，不要直接引用 for 迭代变量。

7.3　defer 陷阱

2.3 节系统地介绍了 defer 的相关知识，本节讨论 defer 带来的副作用。第一个副作用是对返回值的影响，第二个副作用是对性能的影响。

defer 和函数返回值

defer 中如果引用了函数的返回值，则因引用形式不同会导致不同的结果，这些结果往往给初学者造成很大的困惑，我们先来看一下如下三个函数的执行结果：

```go
package main

func f1() (r int) {
    defer func() {
        r++
    }()
    return 0
}

func f2() (r int) {
    t := 5
    defer func() {
        t = t + 5
    }()
    return t
}

func f3() (r int) {
    defer func(r int) {
        r = r + 5
    }(r)
```

```
    return 1
}

func main() {
    println("f1=", f1()) //f1=1
    println("f2=", f2()) //f2=5
    println("f3=", f3()) //f3=1
}
```

程序运行结果：

```
f1= 1
f2= 5
f3= 1
```

绝大多数初学者看到执行结果都会很茫然，到底是什么原因导致的这个结果呢？我们接下来逐个分析。f1、f2、f3 三个函数的共同点就是它们都是带命名返回值的函数，返回值都是变量 r。在函数章节已经了解到：

（1）函数调用方负责开辟栈空间，包括形参和返回值的空间。

（2）有名的函数返回值相当于函数的局部变量，被初始化为类型的零值。

现在分析一下 f1，defer 语句后面的匿名函数是对函数返回值 r 的闭包引用，f1 函数的逻辑如下：

（1）r 是函数的有名返回值，分配在栈上，其地址又被称为返回值所在栈区。首先 r 被初始化为 0。

（2）"return 0" 会复制 0 到返回值栈区，返回值 r 被赋值为 0。

（3）执行 defer 语句，由于匿名函数对返回值 r 是闭包引用，所以 r++ 执行后，函数返回值被修改为 1。

（4）defer 语句执行完后 RET 返回，此时函数的返回值仍然为 1。

f1 的程序指令序列如下：

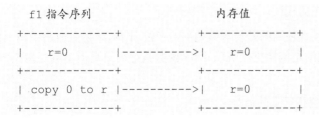

```
  f1 指令序列                内存值
+-------------+          +-------------+
|    r=0      |--------->|    r=0      |
+-------------+          +-------------+
| copy 0 to r |--------->|    r=0      |
+-------------+          +-------------+
```

```
| defer r++   |---------->|    r=1      |
+-------------+           +-------------+
|    RET      |---------->|    r=1      |
+-------------+           +-------------+
```

同理来分析函数 f2 的逻辑：

（1）返回值 r 被初始化为 0。

（2）引入局部变量 t，并初始化为 5。

（3）复制 t 的值 5 到返回值 r 所在的栈区。

（4）defer 语句后面的匿名函数是对局部变量 t 的闭包引用，t 的值被设置为 10。

（5）函数返回，此时函数返回值栈区上的值仍然是 5。

f2 的程序指令序列如下：

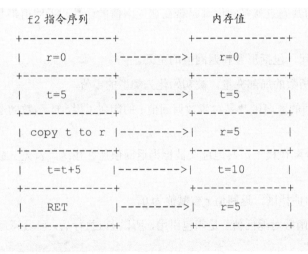

```
   f2 指令序列              内存值
+-------------+           +-------------+
|    r=0      |---------->|    r=0      |
+-------------+           +-------------+
|    t=5      |---------->|    t=5      |
+-------------+           +-------------+
| copy t to r |---------->|    r=5      |
+-------------+           +-------------+
|   t=t+5     |---------->|    t=10     |
+-------------+           +-------------+
|    RET      |---------->|    r=5      |
+-------------+           +-------------+
```

最后分析函数 f3 的逻辑：

（1）返回值 r 被初始化为 0。

（2）复制 1 到函数返回值 r 所在的栈区。

（3）执行 defer，defer 后匿名函数使用的是传参数调用，在注册 defer 函数时将函数返回值 r 作为实参传进去，由于函数调用的是值拷贝，所以 defer 函数执行后只是形参值变为 5，对实参没有任何影响。

（4）函数返回，此时函数返回值栈区上的值是 1。

//r1 为返回值，r2 是匿名函数形参

f3 的程序指令示例如下：

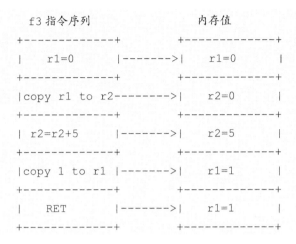

```
    f3 指令序列                  内存值
+-------------+          +-------------+
|    r1=0      |------->|    r1=0      |
+-------------+          +-------------+
|copy r1 to r2--------->|    r2=0      |
+-------------+          +-------------+
|  r2=r2+5    |------->|    r2=5      |
+-------------+          +-------------+
|copy 1 to r1 |------->|    r1=1      |
+-------------+          +-------------+
|    RET      |------->|    r1=1      |
+-------------+          +-------------+
```

综上所述，对于带 defer 的函数返回整体上有三个步骤。

（1）执行 return 的值拷贝，将 return 语句返回的值复制到函数返回值栈区（如果只有一个 return，不带任何变量或值，则此步骤不做任何动作）。

（2）执行 defer 语句，多个 defer 按照 FILO 顺序执行。

（3）执行调整 RET 指令。

如果对函数调用是值拷贝、函数闭包及 defer 的特性有了解，以及对上面的三条规则熟悉，那么对于这类函数就不应该再有疑惑了。当然在 defer 中修改函数返回值不是一种明智的编程方法，在实际编程中应尽可能避免此种情况。还有一种彻底解决该问题的方法是，在定义函数时使用不带返回值名的格式。通过这种方式，defer 就不能直接引用返回值的栈区，也就避免了返回值被修改的问题，看一下下面的代码。

```go
package main

func f4() int {
    r := 0
    defer func() {
        r++
    }()
    return r
}
```

```
func f5() int {
    r := 0
    defer func(i int) {
        i++
    }(r)
    return 0
}

func main() {
    println("f3=", f4())
    println("f4=", f5())
}
```

执行结果：

```
f3= 0
f4= 0
```

从 f3、f4 的执行结果可以看出，不管 defer 如何操作，都不会改变函数的 return 的值，这是一种好的编程模式。

7.4 切片困惑

在 1.6 节已经学习过切片的基础知识，本节深入切片的底层结构和实现，分析多个切片因为共享底层数组而导致不稳定的表现。在介绍切片前先在复习数组（array）的概念，毕竟数组是切片实现的基础。

7.4.1 数组

Go 的数组是有固定个相同类型元素的数据结构，底层采用连续的内存空间存放，数组一旦声明后大小就不可改变了。

注意：Go 中的数组是一种基本类型，数组的类型不仅包括其元素类型，也包括其大小，[2] int 和[5] int 是两个完全不同的数组类型。

创建数组

（1）声明时通过字面量进行初始化。

（2）直接声明，不显式地进行初始化。

示例如下：

```
package main

import "fmt"

func main() {

    //指定大小的显式初始化
    a := [3]int{1, 2, 3}

    //通过 "..." 由后面的元素个数推断数组大小
    b := [...]int{1, 2, 3}

    //指定大小，并通过索引值初始化，未显式初始化的元素被置为"零值"
    c := [3]int{1: 1, 2: 3}

    //指定大小但不显式初始化，数组元素全被置为"零值"
    var d [3]int

    fmt.Printf("len=%d,value=%v\n", len(a), a) // len=3,value=[1 2 3]
    fmt.Printf("len=%d,value=%v\n", len(b), b) // len=3,value=[1 2 3]
    fmt.Printf("len=%d,value=%v\n", len(c), c) // len=3,value=[0 1 3]
    fmt.Printf("len=%d,value=%v\n", len(d), d) // len=3,value=[0 0 0]

}
```

数组名无论作为函数实参，还是作为 struct 嵌入字段，或者数组之间的直接赋值，都是值拷贝，不像 C 语言数组名因场景不同，可能是值拷贝，也可能是指针传递：C 语言数组名作为函数实参传递时，直接退化为指针，int a[10]、int a[]、int *a 在 C 语言中都是一个意思，就是一个指向 int 类型的指针；但是，当数组内嵌到 C 的 struct 里面时，又表现的是值拷贝的语义。Go 语言的数组不存在这种歧义，数组的一切传递都是值拷贝，体现在以下三个方面：

（1）数组间的直接赋值。

（2）数组作为函数参数。

（3）数组内嵌到 struct 中。

下面以一个示例来证明这三条：

```go
package main

import "fmt"

func f(a [3]int) {
    a[2] = 10
    fmt.Printf("%p,%v\n", &a, a)

}

func main() {
    a := [3]int{1, 2, 3}
    //直接赋值是值拷贝
    b := a

    //修改 a 元素值并不影响 b
    a[2] = 4

    fmt.Printf("%p,%v\n", &a, a) //0xc420012220,[1 2 4]
    fmt.Printf("%p,%v\n", &b, b) //0xc420012240,[1 2 3]

    //数组作为函数参数仍然是值拷贝
    f(a) // 0xc4200122c0,[1 2 10]

    c := struct {
        s [3]int
    }{
        s: a,
    }

    //结构是值拷贝，内部的数组也是值拷贝
    d := c

    //修改 c 中的数组元素值并不影响 a
    c.s[2] = 30

    //修改 d 中的数组元素值并不影响 c
    d.s[2] = 20
```

```
    fmt.Printf("%p,%v\n", &a, a) //0xc420012220,[1 2 4]
    fmt.Printf("%p,%v\n", &c, c) //0xc420012300,{[1 2 30]}
    fmt.Printf("%p,%v\n", &d, d) //0xc420012320,{[1 2 20]}

}
```

由于数组的大小一旦声明后就不可修改，所以实际使用场景并不广泛，下面介绍使用广泛的切片。

7.4.2　切片

1.6 节已经介绍了切片的基础知识,本节学习切片的底层数据结构及多个切片共享底层数组可能导致的困惑。

切片创建

（1）通过数组创建。

array[b:e]创建一个包括 e–b 个元素的切片，第一个元素是 array[b]，最后一个元素是 array[e-1]。

（2）make。

通过内置的 make 函数创建，make([]T, len, cap) 中的 T 是切片元素类型，len 是长度，cap 是底层数组的容量，cap 是可选参数。

（3）直接声明。

可以直接声明一个切片，也可以在声明切片的过程中使用字面量进行初始化，直接声明但不进行初始化的切片其值为 nil。例如：

```
var a []int //a is nil
var a []int = []int{1,2,3,4}
```

切片数据结构

通常我们说切片是一种类似的引用类型,原因是其存放数据的数组是通过指针间接引用的。所以切片名作为函数参数和指针传递是一样的效果。切片的底层数据结构如下：

```
        Array
+-----------+        +-----------+-----------+-----------+-----------+
| Pointer   |-------->|           |           |           |           |
```

```
+----------+        +-----------+-----------+-----------+-----------+
|   Len    |                      Len
+----------+        <------------------------------->
|   Cap    |                      Cap
+----------+        <-------------------------------------------->
```

```go
//切片的底层数据结构
//src/runtime/slice.go
type slice struct {
    array unsafe.Pointer
    len   int
    cap   int
}
```

可以看到切片的数据结构有三个成员，分别是指向底层数组的指针、切片的当前大小和底层数组的大小。当 len 增长超过 cap 时，会申请一个更大容量的底层数组，并将数据从老数组复制到新申请的数组中。

nil 切片和空切片

make([]int,0)与 var a []int 创建的切片是有区别的。前者的切片指针有分配，后者的内部指针为 0。示例如下：

```go
package main

import (
    "fmt"
    "reflect"
    "unsafe"
)

func main() {
    var a []int

    b := make([]int, 0)

    if a == nil {
        fmt.Println("a is nil")
    } else {
```

```
        fmt.Println("a is not nil")
    }

    //虽然 b 的底层数组大小为 0，但切片并不是 nil
    if b == nil {
        fmt.Println("b is nil")
    } else {
        fmt.Println("b is not nil")
    }

    //使用反射中的 SliceHeader 来获取切片运行时的数据结构
    as := (*reflect.SliceHeader)(unsafe.Pointer(&a))
    bs := (*reflect.SliceHeader)(unsafe.Pointer(&b))

    fmt.Printf("len=%d,cap=%d,type=%d\n", len(a), cap(a), as.Data)
    fmt.Printf("len=%d,cap=%d,type=%d\n", len(b), cap(b), bs.Data)

}
```

运行结果:

```
a is nil
b is not nil
len=0,cap=0,type=0
len=0,cap=0,type=5537704
```

可以看到 var a[]int 创建的切片是一个 nil 切片（底层数组没有分配，指针指向 nil），数据结构如下:

```
+-------------+
| Pointer=nil |
+-------------+
|   Len=0     |
+-------------+
|   Cap=0     |
+-------------+
```

可以看到 make([]int,0) 创建的是一个空切片（底层数组指针非空，但底层数组是空的），数据结构如下:

```
+-------------+   XXXX        +-------------+
|   Pointer   |---------->|   Array     |
+-------------+               +-------------+
|   Len=0     |
+-------------+
|   Cap=0     |
+-------------+
```

看一下 makeslice 底层实现代码，就知道为什么 make([]int,0) 创建的是一个空切片。

```
func makeslice(et *_type, len, cap int) slice {
    maxElements := maxSliceCap(et.size)
    if len < 0 || uintptr(len) > maxElements {
        panic(errorString("makeslice: len out of range"))
    }

    if cap < len || uintptr(cap) > maxElements {
        panic(errorString("makeslice: cap out of range"))
    }
    //调用 mallocgc 分配空间
    p := mallocgc(et.size*uintptr(cap), et, true)
    return slice{p, len, cap}
}
```

接下来看一下在 len 和 cap 是 0 的情况下，mallocgc 的代码片段：

```
//可以看到如果 len 和 cap 是 0，则直接指向一个固定的 zerobase 全局变量的地址
func mallocgc(size uintptr, typ *_type, needzero bool) unsafe.Pointer {
    if size == 0 {
        return unsafe.Pointer(&zerobase)
    }
    ...
}

var zerobase uintptr
```

多个切片引用同一个底层数组引发的混乱

切片可以由数组创建，一个底层数组可以创建多个切片，这些切片共享底层数组，使用 append 扩展切片过程中可能修改底层数组的元素，间接地影响其他切片的值，也可能发生数组

复制重建，共用底层数组的切片，由于其行为不明朗，不推荐使用。接下来看一个示例：

```
package main

import (
    "fmt"
    "reflect"
    "unsafe"
)

func main() {

    a := []int{0, 1, 2, 3, 4, 5, 6}
    b := a[0:4]

    as := (*reflect.SliceHeader)(unsafe.Pointer(&a))
    bs := (*reflect.SliceHeader)(unsafe.Pointer(&b))

    //a、b共享底层数组
    fmt.Printf("a=%v,len=%d,cap=%d,type=%d\n", a, len(a), cap(a), as.Data)
    fmt.Printf("b=%v,len=%d,cap=%d,type=%d\n", b, len(b), cap(b), bs.Data)

    b = append(b, 10, 11, 12)

    //a、b继续共享底层数组，修改b会影响共享的底层数组，间接影响a
    fmt.Printf("a=%v,len=%d,cap=%d\n", a, len(a), cap(a))
    fmt.Printf("b=%v,len=%d,cap=%d\n", b, len(b), cap(b))

    //len(b)=7，底层数组容量是7，此时需要重新分配数组，并将原来数组值复制到新数组
    b = append(b, 13, 14)

    as = (*reflect.SliceHeader)(unsafe.Pointer(&a))
    bs = (*reflect.SliceHeader)(unsafe.Pointer(&b))

    //可以看到a和b指向底层数组的指针已经不同了
    fmt.Printf("a=%v,len=%d,cap=%d,type=%d\n", a, len(a), cap(a), as.Data)
    fmt.Printf("b=%v,len=%d,cap=%d,type=%d\n", b, len(b), cap(b), bs.Data)
```

```
    }
```

程序运行结果：

```
a=[0 1 2 3 4 5 6],len=7,cap=7,type=842350575680
b=[0 1 2 3],len=4,cap=7,type=842350575680
a=[0 1 2 3 10 11 12],len=7,cap=7
b=[0 1 2 3 10 11 12],len=7,cap=7
a=[0 1 2 3 10 11 12],len=7,cap=7,type=842350575680
b=[0 1 2 3 10 11 12 13 14],len=9,cap=14,type=842350788720
```

问题总结：多个切片共享一个底层数组，其中一个切片的 append 操作可能引发如下两种情况。

（1）append 追加的元素没有超过底层数组的容量，此种 append 操作会直接操作共享的底层数组，如果其他切片有引用数组被覆盖的元素，则会导致其他切片的值也隐式地发生变化。

（2）append 追加的元素加上原来的元素如果超出底层数组的容量，则此种 append 操作会重新申请新数组，并将原来数组值复制到新数组。

由于有这种二义性，所以在使用切片的过程中应该尽量避免多个切面共享底层数组，可以使用 copy 进行显式的复制。

7.5 值、指针和引用

7.5.1 传值还是传引用

在函数和接口章节，我们知道 Go 只有一种参数传递规则，那就是值拷贝，这种规则包括两种含义：

（1）函数参数传递时使用的是值拷贝。

（2）实例赋值给接口变量，接口对实例的引用是值拷贝。

有时在明明是值拷贝的地方，结果却修改了变量的内容，有以下两种情况：

（1）直接传递的是指针。指针传递同样是值拷贝，但指针和指针副本的值指向的地址是同一个地方，所以能修改实参值。

（2）参数是复合数据类型，这些复合数据类型内部有指针类型的元素，此时参数的值拷贝并不影响指针的指向。

Go 复合类型中 chan、map、slice、interface 内部都是通过指针指向具体的数据，这些类型的变量在作为函数参数传递时，实际上相当于指针的副本。下面看一下 runtime 里面的具体定义。

- chan 的底层数据结构如下

```
//$GOROOT src/runtime/chan.go
type hchan struct {
    qcount   uint        //total data in the queue
    dataqsiz uint          //size of the circular queue
    buf      unsafe.Pointer //points to an array of dataqsiz elements
    elemsize uint16
    closed   uint32
    elemtype *_type //element type
    sendx    uint   //send index
    recvx    uint   //receive index
    recvq    waitq //list of recv waiters
    sendq    waitq //list of send waiters

}
```

从 chan 在 runtime 里面的数据结构可知，通道元素的存放地址由 buf 指针确定，chan 内部的数据也是间接通过指针访问的。

- map 的底层数据结构如下

```
//$GOROOT src/runtime/hashmap.go

// A header for a Go map.
type hmap struct {
    // Note: the format of the Hmap is encoded
in ../../cmd/internal/gc/reflect.go and
    // ../reflect/type.go. Don't change this structure without also changing
that code!
    count    int // # live cells == size of map.  Must be first (used by len()
builtin)
    flags    uint8
    B        uint8 //log_2 of # of buckets (can hold up to loadFactor * 2^B
items)
    noverflow uint16 //approximate number of overflow buckets; see
incrnoverflow for details
```

```
    hash0    uint32 //hash seed

    buckets    unsafe.Pointer // array of 2^B Buckets. may be nil if count==0.
    oldbuckets unsafe.Pointer //previous bucket array of half the size,
non-nil only when growing
    nevacuate  uintptr      //progress counter for evacuation (buckets
less than this have been evacuated)

    extra *mapextra // optional fields
}
```

从 map 在 runtime 里面的数据结构同样可以清楚地看到，其通过 buckets 指针来间接引用 map 中的存储结构。

- slice 的底层数据结构如下

```
//$GOROOT src/refelct/value.go

type SliceHeader struct {
    Data uintptr
    Len  int
    Cap  int
}
```

slice 一样用 uintptr 指针指向底层存放数据的数组。

- interface 的底层数据结构如下

```
//$GOROOT src/refelct/value.go

type nonEmptyInterface struct {
    //see ../runtime/iface.go:/Itab
    itab *struct {
        ityp  *rtype //static interface type
        typ   *rtype //dynamic concrete type
        link  unsafe.Pointer
        bad   int32
        unused int32
        fun   [100000]unsafe.Pointer // method table
    }
    word unsafe.Pointer
```

```
}

//emptyInterface is the header for an interface{} value.
type emptyInterface struct {
    typ  *rtype
    word unsafe.Pointer
}
```

4.4 节已经详细介绍了接口的底层实现，同样可以看到接口内部通过一个指针指向实例值或地址的副本。

7.5.2　函数名的意义

Go 的函数名和匿名函数字面量的值有 3 层含义：

（1）类型信息，表明其数据类型是函数类型。

（2）函数名代表函数的执行代码的起始位置。

（3）可以通过函数名进行函数调用，函数调用格式为 `func_name(param_list)`。在底层执行层面包含以下 4 部分内容。

- 准备好参数。
- 修改 PC 值，跳转到函数代码起始位置开始执行。
- 复制值到函数的返回值栈区。
- 通过 RET 返回到函数调用的下一条指令处继续执行。

7.5.3　引用语义

C++里面的引用的含义就是别名，Go 语言规范中并没有引用的概念，但为了论述方便，闭包对外部变量的引用，我们可认为是建立了一个和外部变量同名的"引用"，该引用和外部变量指向相同的地址。还有一种解释就是 Go 语言针对闭包，显式地扩大了形参的可见域，使其在函数返回的闭包中仍然可见。这两种论述都没有错，本质上描述的是同一件事情，就是闭包可以访问和改变外部环境中的变量。至于是"同名引用"，还是"扩大作用域"，这些只是对闭包这个语言特性的规范表述。

示例如下：

```
package main
```

```
func fa(a int) func(i int) int {

    return func(i int) int {
        println(&a, a)
        a = a + i
        return a
    }
}

func main() {

    //f 是一个闭包，包括对函数 fa 形式参数 a 的"同名引用"
    f := fa(1)

    println(f(1)) //2
    println(f(2)) //4

}
```

运行结果：

```
0xc4200140b8 1
2
0xc4200140b8 2
4
```

7.6　习惯用法

本节主要讲解 Go 代码样式，包括代码风格和习惯用法两部分。有些规则是强制要求的，有些规则是非强制的"潜规则"。遵照这些规则写出来的代码看起来"地道、纯正"，一看就是 Gopher 写的。

7.6.1　干净与强迫症

Go 在代码干净上有了近乎苛刻的要求，主要体现在如下几个方面：

（1）编译器不能通过未使用的局部变量（包括未使用的标签）。

（2）"import" 未使用的包同样通不过编译。

（3）所有的控制结构、函数和方法定义的 "{" 放到行尾，而不能另起一行。

（4）提供 go fmt 工具格式化代码，使所有的代码风格保持统一。

Go 对代码的干净和整洁要求到了强迫症的程度，但这是一种好的约束，虽然很多人难以接受。

7.6.2 comma,ok 表达式

常见的几个 comma,ok 表达式如下。

（1）获取 map 值。

获取 map 中不存在键的值不会发生异常，而是会返回值类型的零值，如果想确定 map 中是否存在 key，则可以使用获取 map 值的 comma,ok 语法。示例如下：

```
m := make(map[string]string)

v, ok := m["some"]

//通过 ok 进行判断
if !ok {
    println("m[some] is nil")
} else {
    println("m[some] =", v)
}
```

（2）读取 chan 的值。

读取已经关闭的通道，不会阻塞，也不会引起 panic，而是一直返回该通道的零值。怎么判断通道已经关闭？有两种方法，一种是读取通道的 comma,ok 表达式，如果通道已经关闭，则 ok 的返回值是 fasle，另一种就是通过 range 循环迭代。示例如下：

```
c := make(chan int)

go func() {
    c <- 1
    c <- 2
    close(c)
}()
```

```
for {
//使用 comma,ok 判断通道是否关闭
    v, ok := <-c
    if ok {
        println(v)
    } else {
        break
    }
}


//使用 range 更加简洁
for v := range c {
    println(v)
}
```

（3）类型断言（type assertion）。

接口的类型断言在 4.2.1 节有详细介绍，接口断言通常可以使用 comma,ok 语句来确定接口是否绑定某个实例类型，或者判断接口绑定的实例类型是否实现另一个接口。示例如下：

```
//如下代码片段摘自标准包 src/net/http/request.go

//判断接口 body 绑定的实例是否实现了另一个接口类型 io.ReadCloser
783    rc, ok := body.(io.ReadCloser)

//判断接口 Body 绑定的实例类型是否是 *maxBytesReader 具体类型
1107    if _, ok := r.Body.(*maxBytesReader); !ok {
```

7.6.3 简写模式

Go 语言很多重复的引用或声明可以用 "()" 进行简写。

（1）import 多个包。例如：

```
//推荐写法

import (
    "bufio"
    "bytes"
```

```
)
```

```
//不推荐写法
import "bufio"
import "bytes"
```

（2）多个变量声明。

包中多个相关全局变量声明时，建议使用"()"进行合并声明。示例如下：

```
//推荐这样的写法
var (
    bufioReaderPool  sync.Pool
    bufioWriter2kPool sync.Pool
    bufioWriter4kPool sync.Pool
)
```

```
//不推荐这样的写法
var bufioReaderPool  sync.Pool
var bufioWriter2kPool sync.Pool
var bufioWriter4kPool sync.Pool
```

7.6.4 包中的函数或方法设计

很多包的开发者会在内部实现两个"同名"的函数或方法，一个首字母大写，用于导出 API 供外部调用；一个首字母小写，用于实现具体逻辑。一般首字母大写的函数调用首字母小写的函数，同时包装一些功能；首字母小写的函数负责更多的底层细节。

大部分情况下我们不需要两个同名且只是首字母大小写不同的函数，只有在函数逻辑很复杂，而且函数在包的内、外部都被调用的情况下，才考虑拆分为两个函数进行实现。一方面减少单个函数的复杂性，另一方面进行调用隔离。

这种编程技术在标准库 database/sql 里面体现得最明显。示例如下

```
//DB 的导出方法
func (db *DB) Begin() (*Tx, error)
func (db *DB) BeginTx(ctx context.Context, opts *TxOptions) (*Tx, error)
func (db *DB) Conn(ctx context.Context) (*Conn, error)
func (db *DB) Exec(query string, args ...interface{}) (Result, error)
func (db *DB) ExecContext(ctx context.Context, query string,
```

```
args ...interface{}) (Result, error)
    func (db *DB) Prepare(query string) (*Stmt, error)
    func (db *DB) PrepareContext(ctx context.Context, query string) (*Stmt,
error)
    func (db *DB) Query(query string, args ...interface{}) (*Rows, error)
    func (db *DB) QueryContext(ctx context.Context, query string,
args ...interface{}) (*Rows, error)
```

```
//DB 的内部同名未导出方法
    func (db *DB) begin(ctx context.Context, opts *TxOptions, strategy
connReuseStrategy) (tx *Tx, err error)
    func (db *DB) conn(ctx context.Context, strategy connReuseStrategy)
(*driverConn, error)
    func (db *DB) exec(ctx context.Context, query string, args []interface{},
strategy connReuseStrategy) (Result, error)
    func (db *DB) prepare(ctx context.Context, query string, strategy
connReuseStrategy) (*Stmt, error)
    func (db *DB) query(ctx context.Context, query string, args []interface{},
strategy connReuseStrategy) (*Rows, error)
```

7.6.5　多值返回函数

多值返回函数里如果有 error 或 bool 类型的返回值，则应该将 error 或 bool 作为最后一个返回值。这是一种编程风格，没有对错。Go 标准库的写法也遵循这样的规则。当绝大多数人都遵照这种写法时，如果不遵循这种"潜规则"，则写出的代码让别人读起来很别扭。示例如下：

```
//分析标准库 bytes 的代码可以看到这种习惯用法
//cd $GOROOT/src/bytes/ && egrep 'func.*, error\)|func.*, bool\)' -r * -n
|grep -v 'test'
buffer.go:107:func (b *Buffer) tryGrowByReslice(n int) (int, bool) {
buffer.go:335:func (b *Buffer) ReadByte() (byte, error) {
reader.go:66:func (r *Reader) ReadByte() (byte, error) {
reader.go:113:func (r *Reader) Seek(offset int64, whence int) (int64, error)
{
```

第 8 章
工程管理

现代程序的规模越来越大，模块越来越多，如何对软件源代码进行有效的组织和管理也成为语言设计者需要考虑的重要议题。本章介绍 Go 语言在工程管理方面的知识，主要有两个部分：编程环境和包管理。

8.1 节介绍 Go 语言编程环境，除了介绍基本编程环境搭建，对 Go 编程环境涉及的环境变量和交叉编译也做了介绍。8.2 节介绍命名空间和作用域的基本概念，命名空间是解决命名冲突的一种思想，各个语言的实现方式并不相同。8.3 节介绍 Go 语言包管理的相关知识，Go 语言采用包的形式来组织代码，实现命名空间的管理，包也是代码模块化和代码共享的重要手段。Go 的包管理能够很好地管理工程自身的源代码，但对于工程依赖第三方的代码，Go 设计团队刚开始并没有考虑好这个事情，8.4 节主要讨论 Go 语言如何对第三方包进行管理。

8.1 编程环境

8.1.1 环境搭建

Go 语言支持多种平台和操作系统，Go 官方针对不同的平台提供了多种方法初始化编程环境，包括源码安装、编译好的二进制安装等。我们就以常用的 Windows 平台和 Linux 平台为例进行介绍。

Windows 软件包安装

Windows 下采用官方的安装包进行安装，首先到官方的下载页面（https://golang.org/dl/）下载 msi 格式的安装包，下载完成后进行安装，默认安装到 C:\Go 目录下。安装包会自动设置环境变量%GOROOT%和%GOPATH%，这两个环境变量的作用后面会详细介绍。同时，安装包会将%GOROOT%\bin\加入环境变量%PATH%，安装完成后，在 cmd 命令行下运行 `go version`将看到 Go 的版本信息。

以 64 位 Windows 7 为例安装 go1.10.2.windows-amd64.msi，我们看一下安装后的相关信息。

```
# go version 打印出 Go 的版本信息，说明安装 OK

C:\Users\andes>go version
go version go1.10.2 windows/amd64

# 环境变量 GOPATH 默认是用户 HOME 目录
C:\Users\andes>echo %GOPATH%
C:\Users\andes\go

# 环境变量 GOROOT 是 Go 的安装根目录
C:\Users\andes>echo %GOROOT%
C:\Go\
```

Linux 二进制安装

Linux 环境下也可以采用官方编译好的二进制包（下载页为 https://golang.org/dl/），将下载的文件复制到/usr/local 下面，创建/usr/local/go 目录，在 cd /usr/local 下执行解压。示例如下：

```
tar -C /usr/local -xzf go$VERSION.$OS-$ARCH.tar.gz
```

将/usr/local/go/bin 添加到 PATH 环境变量中，可以添加到 HOME 目录的配置文件.profile 中，也可以放到系统的配置文件/etc/profile 中。示例如下

```
export PATH=$PATH:/usr/local/go/bin
```

Linux 下源码安装

从 Go 1.5 起，Go 的编译器完全使用 Go 重写，源码安装 Go 1.5 及以后的版本就涉及一个问题："先有鸡还是先有蛋"。要源码编译 Go 需要先有 Go 的编译环境，解决办法就是引进一个"鸡"，纯正的做法是下载 1.4 版本使用 C 语言编写的 Go 编译器源码，通过 Linux 自带的 gcc 先编译出一个 Go 环境，然后拿这个 Go 环境编译新版本的 Go 环境。一个更简单的做法是下载官方编译好的二进制版本，拿这个二进制版本编译后续新版本的 Go 编译器。具体步骤如下：

（1）准备一个 Go 编译环境，可以是 1.4 版本的 C 语言版本编译的，也可以是官方编译好的二进制版本。

（2）设置 GOROOT_BOOTSTRAP 环境变量，使其指向临时的编译环境根目录，这个临时编译环境是指用来编译 Go 新版本编译器源码的编译环境。假设我们使用 Go 1.6 版本的 Go 编译环境来编译新版本的编译器，1.6 版本 Go 编译环境的根目录是/usr/local/go1.6，则 GOROOT_BOOTSTRAP 设置为如下值：

```
export GOROOT_BOOTSTRAP=/usr/local/go1.6
```

（3）安装 Git，下载 Go 最新的工程源码，"git checkout" 到最新的稳定版本。示例如下：

```
#git 拉取新版本 Go 源码
$cd /usr/local/src/
$git clone https://go.googlesource.com/go

#查看 tag 版本标签
$cd go
$git tag

# 切换到某个稳定版本
$git checkout go1.10
```

（4）执行编译。

```
$ cd src
$ ./all.bash
```

（5）设置 GOROOT 和 GOPATH 环境变量，运行 go env 查看最新环境信息。

8.1.2　工程结构

1. 环境变量

Go 编程环境中有几个环境变量特别重要，这里介绍一下（基于 Linux 环境）。

$GOROOT

$GOROOT 是 Go 的安装根目录。在 Windows 下安装包会自动设置，默认是 C:\Go\，Linux 下的环境默认是/usr/local/go。如果$GOROOT 位于上述位置，则不需要显式地设置$GOROOT 环境变量；如果不是默认安装目录，则需要显式地设置$GOROOT 环境变量。

$GOPATH

$GOPATH 是 Go 语言编程的工作目录（workspace）。如果没有设置 GOPATH 环境变量，则 Linux 下系统默认是 $HOME/go，Windows 下默认是%USERPROFILE%\go。

$GOBIN

$GOBIN 是带有 main 函数的源程序执行 go install 时生成的可执行程序安装目录，默认是 $GOPATH/bin。如果想在任何路径执行安装的程序，则可以将$GOBIN 添加到$PATH 中。

$GOOS 和$GOARCH

$GOOS 用来设置目标操作系统，$GOARCH 用来设置目标平台的 CPU 体系结构。这两个参数主要用在交叉编译中，交叉编译在 8.1.3 节讨论。Go 语言支持的 OS 和 ARCH 如下：

```
$GOOS     $GOARCH
android   arm
darwin    386
darwin    amd64
darwin    arm
darwin    arm64
dragonfly amd64
freebsd   386
freebsd   amd64
freebsd   arm
linux     386
linux     amd64
linux     arm
linux     arm64
linux     ppc64
linux     ppc64le
linux     mips
linux     mipsle
linux     mips64
linux     mips64le
linux     s390x
netbsd    386
netbsd    amd64
netbsd    arm
openbsd   386
openbsd   amd64
```

```
openbsd arm
plan9   386
plan9   amd64
solaris amd64
windows 386
windows amd64
```

Go 环境准备完毕，可以用 go env 命名查看 Go 的编程环境。示例如下：

```
#Linux amd64 的示例

GOARCH="amd64"
GOBIN="/project/go/bin"
GOCACHE="/root/.cache/go-build"
GOEXE=""
GOHOSTARCH="amd64"
GOHOSTOS="linux"
GOOS="linux"
GOPATH="/project/go"
GORACE=""
GOROOT="/usr/local/src/go"
GOTMPDIR=""
GOTOOLDIR="/usr/local/src/go/pkg/tool/linux_amd64"
GOGCCFLAGS="-fPIC  -m64  -fmessage-length=0  -fdebug-prefix-map=/tmp/go-
build120815060=/tmp/go-build"
    PKG_CONFIG="pkg-config"

    #如下是 CGO 的相关参数
GCCGO="gccgo"
CC="gcc"
CXX="g++"
CGO_ENABLED="0"
CGO_CFLAGS="-g -O2"
CGO_CPPFLAGS=""
CGO_CXXFLAGS="-g -O2"
CGO_FFLAGS="-g -O2"
CGO_LDFLAGS="-g -O2"
```

2．工作目录

$GOPATH 环境变量所指定的目录称为 Go 的工作目录，$GOPATH 可以配置为多个目录。工作目录有相同的目录结构，内含三个子目录：

```
$GOPATH/---|
           |-----src
           |
           |-----pkg
           |
           |-----bin
```

src 是工程的源码所在目录，一般 src 下的第一层目录是工程根目录，工程根目录一般采用公司的域名+工程名或用户名的格式，比如常见的 GitHub 上的工程源代码组织形式：

```
#如下都是工程根目录
$GOPATH/src/github.com/github/
$GOPATH/src/github.com/golang/
```

工程根目录下才是工程各个项目的目录，项目目录下可以是其源代码文件和各种包的源码，这是一种推荐的代码组织形式。举一个具体的示例：$GOPATH/src/github.com/github/gh-ost，$GOPATH/src/github.com/github/是 GitHub 工程根目录，gh-ost 是具体的项目目录，gh-ost 内是该项目的源代码和包。

$GOPATH 环境变量可以配置多个目录，使用 go get 下载第三方的包时，默认会将包下载到 $GOPATH 的第一个目录里面，很多人喜欢在 GOPATH 里面配置两个目录，第一个目录专门用于下载第三方的包，第二个目录用于内部工程目录，这也是一种解决办法，避免外部包和自身工程代码的互相干扰。但官方还是推荐使用仅包含一个目录的$GOPATH，结合官方的包管理工具 dep 来管理。

8.1.3 交叉编译

Go 语言支持的操作系统和体系结构有很多种，包括嵌入式的环境和移动终端。大部分程序员的编程环境都是在 Windows 和 Linux 下，交叉编译就显得极为重要，Go 对交叉编译有很好的支持，有一点不足就是交叉编译不支持 CGO。

Go 1.4 及以前版本

在 Go 1.4 及以前版本中，由于编译器是使用 C 语言写的，交叉编译比较麻烦，先要在当前平台构建一个目标平台的编译环境，然后才能通过设置 GOOS 和 GOARCH 进行交叉编译。

```
#进入 Go 源码目录
$ cd /usr/local/go/src

#在 Linux 下构建 Windows 交叉编译环境
$ CGO_ENABLED=0 GOOS=windows GOARCH=amd64 ./make.bash

#交叉编译
$ CGO_ENABLED=0 GOOS=windows GOARCH=amd64 go build xxx.go
```

Go 1.5 及以后版本

Go 编译工具链在 1.5 及以后版本中完全使用 Go 语言重写，Go 编译器内置交叉编译的功能，只需要设置 GOOS 和 GOARCH 变量就可以轻松进行交叉编译。下面看一个具体的示例：

```go
package main

import (
    "fmt"
    "runtime"
)

func main() {
    fmt.Printf("OS: %s\nArchitecture: %s\n", runtime.GOOS, runtime.GOARCH)
}
```

编译成 Linux 目标文件：

```
[root@andesli.com]#CGO_ENABLED=0 GOOS=linux GOARCH=amd64 go build
c8_1_3a.go
[root@andesli.com]#file c8_1_3a
c8_1_3a: ELF 64-bit LSB executable, x86-64, version 1 (SYSV), statically
linked, not stripped
[root@andesli.com /project/go/src/gitbook/gobook/chapter8/src]#./c8_1_3a
OS: linux
Architecture: amd64
```

编译成 Windows 目标文件：

```
[root@andesli.com]#CGO_ENABLED=0 GOOS=windows GOARCH=amd64 go build
c8_1_3a.go
[root@andesli.com]#file c8_1_3a.exe
```

```
c8_1_3a.exe: PE32+ executable for MS Windows (console) Mono/.Net assembly

#在 Windows 下的运行结果
D:\crt\upload>.\c8_1_3a.exe
OS: windows
Architecture: amd64
```

8.2 命名空间和作用域

8.2.1 命名空间

命名空间（Namespace）在编程语言中常用来表示标识符（identifier）的可见范围。编程语言借助命名空间来解决标识符不能同名的问题，命名空间实际上相当于给标识符添加了标识前缀，使标识符变得全局唯一。另外，命名空间使程序组织更加模块化，降低了程序内部的耦合性。

一个标识符可在多个命名空间中定义，它在不同命名空间中的含义是互不相干的。在一个新的命名空间中可定义任意的标识符，它们不会与位于其他命名空间上的同名标识符发生冲突，当然自定义标识符尽量不要使用语言自身的关键字，这些标识符具有全局作用域。

Go 语言继承了命名空间的概念，采用包来组织代码，包名构成 Go 命名空间的一部分，不同的包就是一个独立的命名空间。关于包的详细内容放到 8.3 节介绍。

Go 语言除了包级别显式的命名空间，还有隐式的命名空间。函数、方法，以及 if、for、switch 等和"{}"一起构成一个个代码块，代码块可以嵌套代码块，每一个代码块都构成一个隐式的命名空间。

不同命名空间可以声明相同的标识符，所以不同的隐式的命名空间同样允许声明相同的标识符（包括变量），这里就有变量覆盖的问题。在介绍变量覆盖之前，先来介绍作用域。

8.2.2 作用域

在高级语言编程中，作用域（scope）是指名字（name）与实体（可以理解为特定内存地址）的绑定（binding）保持有效的那部分程序逻辑区间。Go 语言是静态作用域的语言。所谓静态作用域就是变量的作用域不依赖程序执行时的因素，变量作用域在编译期就能确定。

Go 语言有三种类型的作用域。

全局作用域

在任何地方都可以访问的标识符，称其具有全局作用域。在 Go 语言中，全局作用域有两类：

（1）Go 语言内置的预声明标识符（包括预声明的类型名、关键字、内置函数等），它们具有全局作用域，在任意命名空间内都可见。

（2）Go 语言包内以大写字母开头的标识符（包括变量、常量、函数和方法名、自定义类型、结构字段等），它们具有全局作用域，在任意命名空间内都可见。

包内作用域

在 Go 语言包内定义的以小写字母开头的标识符（变量、常量、函数和方法名、自定义类型、结构字段等），它们在本包可见，在其他包都是不可见的，这些标识符具有包内作用域。

隐式作用域

每个代码块内定义的变量称为"局部变量"，这些局部变量只在当前代码块内可见，其作用域属于当前代码块的隐式作用域。

8.2.3　变量覆盖

Go 编译器解析变量名到引用实体采用的是从里到外的搜索模式，里层的局部变量能够覆盖外层变量，使得外层的同名变量不可见，这种现象称为变量覆盖。

由于命名空间允许同名变量的存在，大量的同名变量可能会给程序的可读性带来影响，Go 语言通过包、代码缩进和大括号"{}"组织嵌套的方式来改善程序可读性，这也是众多编程语言的通用做法。一些临时变量可以同名，一些关键变量还是尽量起一个有意义的名称。

8.3　包的基本概念

Go 语言是使用包来组织源代码的，并实现命名空间的管理。任何源代码文件必须属于某个包。源码文件的第一行有效代码必须是 `package pacakgeName` 语句，通过该语句声明自己所在的包。

8.3.1　基本概念

Go 语言的包借助了目录树的组织形式，一般包的名称就是其源文件所在目录的名称，虽然 Go 没有强制包名必须和其所在的目录名同名，但还是建议包名和所在目录同名，这样结构更清晰。包可以定义在很深的目录中，包的定义是不包括目录路径的，但是包的引用一般是全路径引用。比如在$GOPATH/src/a/b/下定义一个包 c，在包 c 的源码中只需声明为 package c，而不是声明为 package a/b/c，但是在"import"包 c 时，需要带上路径 import "a/b/c"。包的引用有两种形式，在 8.3.2 节会详细介绍。

包的习惯用法：

- 包名一般是小写的，使用一个简短的命名。

- 包名一般要和所在的目录同名。

- 包一般放到公司的域名目录下，这样能保证包名的唯一性，便于共享代码。比如个人的 GitHub 项目的包一般放到$GOPATH/src/github.com/userName/projectName 目录下。

8.3.2　包引用

标准包的源码位于$GOROOT/src/下面，标准包可以直接引用。自定义的包和第三方包的源码必须放到$GOPATH/src 目录下才能被引用。

包引用路径

包的引用路径有两种写法，一种是全路径，另一种是相对路径。

- 全路径引用

包的绝对路径就是"$GOROOT/src 或$GOPATH/src"后面包的源码的全路径，比如下面的包引用：

```
import "lab/test"
import "database/sql/driver"
import "database/sql"
```

test 包是自定义的包，其源码位于$GOPATH/src/lab/test 目录下；sql 和 driver 包的源码分别位于$GOROOT/src/database/sql 和$GOROOT/src/database/sql/driver 下。

- 相对路径引用

相对路径只能用于引用$GOPATH 下的包，标准包的引用只能使用全路径引用。比如下面两个包：包 a 的路径是 $GOPATH/src/lab/a，包 b 的源码路径为$GOPATH/src/lab/b，假设 b 引用了 a 包，则可以使用相对路径引用方式。示例如下：

```
//相对路径引用
import "../a"
```

```
//全路径引用
import "lab/a"
```

包引用格式

包引用有四种引用格式，为叙述方便，我们以 fmt 标准库为例进行说明。

- 标准引用方式如下

```
import "fmt"
```

此时可以用"fmt."作为前缀引用包内可导出元素，这是常用的一种方式。

- 别名引用方式如下

```
import F "fmt"
```

此时相当于给包 fmt 起了个别名 F，用"F."代替标准的"fmt."作为前缀引用 fmt 包内可导出元素。

- 省略方式如下

```
import . "fmt"
```

此时相当于把包 fmt 的命名空间直接合并到当前程序的命名空间中，使用 fmt 包内可导出元素可以不用前缀"fmt."，直接引用。示例如下：

```
package main

import . "fmt"

func main() {
    //不需要加前缀 fmt.
    Println("hello,world!")

}
```

- 仅执行包初始化 init 函数

使用标准格式引用包，但是代码中却没有使用包，编译器会报错。如果包中有 init 初始化函数，则通过 import _ "packageName"这种方式引用包，仅执行包的初始化函数，即使包没有 init 初始化函数，也不会引发编译器报错。示例如下：

```
import _ "fmt"
```

注意

- 一个包可以有多个 init 函数，包加载会执行全部的 init 函数，但并不能保证执行顺序，所以不建议在一个包中放入多个 init 函数，将需要初始化的逻辑放到一个 init 函数里面。
- 包不能出现环形引用。比如包 a 引用了包 b，包 b 引用了包 c，如果包 c 又引用了包 a，则编译不能通过。
- 包的重复引用是允许的。比如包 a 引用了包 b 和包 c，包 b 和包 c 都引用了包 d。这种场景相当于重复引用了 d，这种情况是允许的，并且 Go 编译器保证 d 的 init 函数只会执行一次。

8.3.3　包加载

5.4.3 节大体上介绍了 Go 程序的启动/加载过程，在执行 main.main 之前，Go 引导程序会先对整个程序的包进行初始化。整个执行的流程如图 8-1 所示。

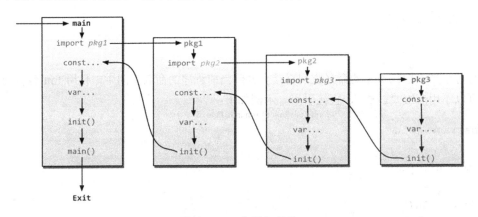

图 8-1　Go 包的初始化

Go 包的初始化有如下特点：

（1）包初始化程序从 main 函数引用的包开始，逐级查找包的引用，直到找到没有引用其他包的包，最终生成一个包引用的有向无环图。

（2）Go 编译器会将有向无环图转换为一棵树，然后从树的叶子节点开始逐层向上对包进行初始化。

（3）单个包的初始化过程如图 8-1 所示，先初始化常量，然后是全局变量，最后执行包的 init 函数（如果有）。

8.4　第三方包管理

Go 的包由于采用目录的布局方式，在管理工程自身源码方面结合版本管理工具很方便，没有任何问题。现代软件工程的一个很好的理念就是代码复用，在软件项目开发中不可能完全基于标准库构建，会使用大量第三方的包和工具。Go 语言开发的工程中引用大量的第三方库是一个很普遍的现象。

使用 go get 可以轻易地下载并安装第三方的库到本地，但这只是第一步。如果第三方库更新，并且新版本和旧版本不兼容怎么办？Go 程序员迫切需要对第三方库进行更精细的管理，也就是对项目工程使用的第三方库的版本做精确的管控。

谷歌公司采用的是集中式的版本管理，身在谷歌的 Go 核心成员并不能体会到其他 Go 程序员对包版本管理功能的迫切需求。在很长一段时间内，Go 官方并没有第三方包管理的解决方案，直到 Go 1.5 引入了 vendor，为 Go 外部包的管理提供了有限的支持，近期 Go 官方提供了 dep 工具想彻底解决这一问题。

8.4.1　vendor

Go 1.5 引入了 vendor 机制，但是需要手动设置环境变量 GO15VENDOREXPERIMENT=1，Go 编译器才能启用。从 Go 1.6 起，默认开启 vendor 目录查找。vendor 机制就是在包中引入 vendor 目录，将依赖的外部包复制到 vendor 目录下，编译器在查找外部依赖包时，优先在 vendor 目录下查找。整个查找第三方包的流程如下：

- 如果当前包下有 vendor 目录，则从其下查找第三方的包，如果没有找到，则继续执行下一步操作。
- 如果当前包目录下没有 vendor 目录，则沿当前包目录向上逐级目录查找 vendor 目录，直到找到$GOPATH/src 下的 vendor 目录，只要找到 vendor 目录就去其下查找第三方的包，如果没有则继续执行下一步操作。
- 在 GOPATH 下面查找依赖包。
- 在 GOROOT 目录下查找依赖包。

vendor 将原来放在$GOPATH/src 的第三方包放到当前工程的 vendor 目录中进行管理。它为工程独立的管理自己所依赖第三方包提供了保证，多个工程独立地管理自己的第三方依赖包，它们之间不会相互影响。vendor 将原来包共享模式转换为每个工程独立维护的模式，vendor 的另一个好处是保证了工程目录下代码的完整性，将工程代码复制到其他 Go 编译环境，不需要再去下载第三方包，直接就能编译，这种隔离和解耦的设计思路是一大进步。

vendor 有一个重要的问题没有解决，那就是对外部依赖的第三方包的版本管理。通常使用 go get -u 更新第三方包。默认的是将工程的默认分支的最新版本拉取到本地，并不能指定第三方包的版本。在实际包升级过程中，如果发现新版本有问题，则不能很快回退，这是个问题。Go 官方的包依赖管理工具（dep）就是为了解决该问题而出现的。比较奇怪的是在官方说明中虽然写了 dep 可以用于生产环境，但又明确表明这是一个官方实验版本（official experiment），说明 dep 还没有完全成熟，Go 官方可能想把它做得更完善后再纳入官方工具集，到时可以直接使用 go dep 进行包管理。与此同时，社区也有很多包管理工具，比较常用的有 godep、govendor、glide。

官方已经建议用户迁移到官方的 dep，godef 只做支持性的工作，不做新功能的开发，在这里就不再对 godep 进行介绍了。官方的 dep 已经提出来，相信未来工程的包管理都会慢慢迁移到官方的 dep 工具上。8.4.2 节介绍官方的包管理工具 dep。

8.4.2　dep

官方最终推出 dep 的主要原因是社区混乱的包管理工具已经严重违背了 Go 语言所追求的开箱即用、简单快速的设计理念。为了避免语言和工具的分裂，维护 Go 语言的设计理念，官方提供了一个包管理工具 dep。

在介绍 dep 前先要理解 dep 和 go get 之间的关系。按照 Go 官方当前的解释是 dep 不会取代 go get，go get 是一个便捷的方式，方便 Go 语言用户快速下载第三方的包到当前的 $GOPATH 下，因为 $GOPATH 是被所有工程共享的，go get 提供的是一个短平快的初步解决方案。按照 Go 官方的解释，在开发过程中，依赖的外部包发生变化，需要对依赖的包进行精细管理时就要用到 dep。这种解释有点牵强。其实在项目的初期就应该对所依赖的外部包进行管理，这是一种好的工程实践方法。笔者尝试分析 go get 和 dep 的关系：go get 能够快速帮用户拉取一个第三方的包，降低初学者的使用门槛，多用于学习性、试验性和临时性的代码开发；如果是一个正式工程项目，则建议使用 dep 等工具进行包管理；go get 只是为了实现 Go 语言宣称的开箱即用、短平快的一种折中实现，当时考虑不周全，后面"亡羊补牢"，再提供一个 dep。

dep 安装

源码安装使用 go get，默认安装到 $GOPATH/bin 下：

```
go get -u github.com/golang/dep/cmd/dep
```

执行 dep version，显示如下内容说明已经成功：

```
dep version
dep:
```

```
version     : devel
build date  :
git hash    :
go version  : go1.10
go compiler : gc
platform    : linux/amd64
```

dep init

使用 dep init 命令初始化工程，该命令可以用于新项目，也可以用于已经存在的项目。执行完 dep init，在工程当前目录下会创建如下 3 个文件。

```
Gopkg.toml
Gopkg.lock
vendor
```

dep 通过两个元文件来管理依赖：manifest 文件 Gopkg.toml 和 lock 文件 Gopkg.lock。Gopkg.toml 可以由用户自由配置，包括依赖的 source、branch、version 等。Gopkg.lock 仅描述工程当前第三方包版本视图。Gopkg.toml 可以通过命令产生，也可以被用户手动修改，Gopkg.lock 是自动生成的，不可以手动修改，vendor 目录下存放具体依赖的外部包的代码，vendor 的语义和 8.4.1 节讨论的一致。

dep init 初始化会做如下几件事情：

（1）检查是否有其他版本的依赖管理工具，如果有则尝试转换。

（2）检查是否已经使用 dep 管理了，如果有则报错退出。

（3）如果本地有 vendor 目录，则备份 vendor 目录。

（4）分析工程源码，分析生成外部依赖包列表。

（5）下载依赖包到 $GOPATH/pkg/dep/sources 下，切换到每个依赖包的最高兼容版本。

（6）生成 Gopkg.lock 和 Gopkg.toml 源信息文件。

（7）复制最高的依赖版本的代码到工程的 vendor 目录下。

实际使用中更多的是配置 Gopkg.toml 文件，下面来看一下 Gopkg.toml 文件中重要的几个配置项。

[[constraint]]

constraint 指定直接依赖的包的相关元信息，是用户重点维护的信息。其格式如下：

```
[[constraint]]
  name = "github.com/user/project"
```

```
version = "1.0.0"
branch = "master"
revision = "abc123"

source = "https://github.com/myfork/package.git"
```

[[constraint]]必须指定依赖包的如下属性中的一个：version（相当于 Git 中的 tag），branch（相当于 Git 中的分支名），revision（相当于 Git 中的 commit），source（指定当前依赖包备选的仓库源）。

[[override]]

override 强制设置包的版本元信息，既可用于直接依赖，又可用于间接依赖。通过 override 声明的包信息会覆盖所有 constraint 声明的包信息，在实际工程中尽量避免使用 override 管理依赖包。

constraints 和 overrides 被用户用来指定依赖包的哪些版本是需要管理的，以及从哪里获取该版本的包。required 和 ignored 被用来控制哪些包纳入管理，哪些被忽略。

dep 工作流

dep 的整个工作流程如图 8-2 所示。

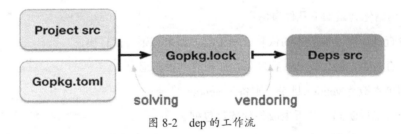

图 8-2　dep 的工作流

dep 的整个工作流如下：

（1）首次初始化运行 dep init，dep 自动分析并构建 Gopkg.lock 和 Gopkg.toml，默认的是拉取依赖包的最新版本。

（2）后续工程开发中可以手动编辑 Gopkg.toml，调整依赖，通过运行 dep ensure 更新 Gopkg.lock 和 vendor 的依赖包源码。

（3）要保证 Gopkg.toml、Gopkg.lock 和 vendor 下的代码一致。

dep ensure

手动更新 Gopkg.toml 需要运行 dep ensure 来重新生成 Gopkg.lock 并更新 vendor，使整个依

赖包的视图保持一致。下面以一个具体的示例来说明。

Gopkg.toml 的初始版本如下：

```
[[constraint]]
  name = "github.com/astaxie/beego"
  version = "=v1.8.0"

[prune]
  go-tests = true
  unused-packages = true
```

此时 Gopkg.lock 的内容如下：

```
[[projects]]
  name = "github.com/astaxie/beego"
  packages = [
    ".",
    "config",
    "context",
    "grace",
    "logs",
    "session",
    "toolbox",
    "utils"
  ]
  revision = "323a1c4214101331a4b71922c23d19b7409ac71f"
  version = "v1.8.0"

[solve-meta]
  analyzer-name = "dep"
  analyzer-version = 1
  inputs-digest =
"2d71f13841ae6de4235098dd0a5b54734396400f69b6bebbf6a600b4addab955"
  solver-name = "gps-cdcl"
  solver-version = 1
```

现在修改 Gopkg.toml，将其引用的 beego 版本升级为 v1.9.2：

```
[[constraint]]
  name = "github.com/astaxie/beego"
```

```
    version = "=v1.9.2"

[prune]
    go-tests = true
    unused-packages = true
```

执行 dep ensure -v 后，我们发现 Gopkg.lock 已经更新到 v1.9.2，vendor 下的代码同步更新：

```
[[projects]]
    name = "github.com/astaxie/beego"
    packages = [
        ".",
        "config",
        "context",
        "context/param",
        "grace",
        "logs",
        "session",
        "toolbox",
        "utils"
    ]
    revision = "bf5c5626ab429e66d88602e1ab1ab5fbf4629a01"
    version = "v1.9.2"

[solve-meta]
    analyzer-name = "dep"
    analyzer-version = 1
    inputs-digest =
"37c733cd68d9f1670bfdb2896846b53639e3d737e5ed5cfb7423e8d71b3cbd71"
    solver-name = "gps-cdcl"
    solver-version = 1
```

dep 虽然不够完美，但基本功能已经够用了，相信未来会逐步完善，功能会越来越强大。

第 9 章
编程哲学

本章不会涉及语言细节知识，读者全当几篇散文，可以轻松地结束本书的阅读。9.1 节系统地总结 Go 语言的编程哲学：少即是多、并行、组合、正交、非侵入式的接口。9.2 节介绍 Go 语言的发展历程和里程碑事件。9.3 节介绍 Go 语言的未来发展方向。

9.1 Go 语言设计哲学

托尼·霍尔（提出 CSP 理论的那位"大牛"）曾经说过一句名言：设计软件有两种方法，一种是简单到明显没有缺陷，另一种是复杂到缺陷不那么明显（There are two ways of constructing a software design. One way is to make it so simple that there are obviously no deficiencies. And the other way is to make it so complicated that there are no obvious deficiencies.）。

Go 语言设计者明显选择的是前者。

9.1.1 少即是多

Go 没有犯 C++的错误，没有过度地追求语言特性的大而全，而是最大限度地控制语言特性的数量、控制语言使用的复杂性。二八定律在编程语言中可以描述为 80%的代码仅使用 20%的语言特性。增加语言特性并不能保证开发效率的提升，原因是它会增加复杂性，导致使用者更容易犯错；有些复杂的语言特性可以通过库等其他形式来辅助支持。所以在 Go 语言中，没有看到运算符重载，没有看到多重继承等不太实用的语言特性。

少即是多还隐含另一个概念就是语言特性的正交性。几何上的正交指的是两个向量的垂直关系，一个向量在另一个向量方向的投影是一个点。现实中的正交是指多个因子，一个发生变化，不会影响其他的因子变化。在不减少表现力的情况下，正交是保持事物稳定性和简单性的最好设计。Go 很好地遵循了这个规律，Go 的多个特性之间都是正交的，比如 goroutine、接口、类型系统等。这些语言特性组合在一起使 Go 语言的表现力大增，但并没有增加语言使用的复杂性，这是"少即是指数级多"的另一层含义。

只提供一种方法做事情，把事情做到极致，这是 Go 的设计思想之一。可以在很多地方看到这种设计思想的体现：比如循环只提供一个 for 关键字，没有必要引入 while、do while，一个关键字就能解决的事情就没有必要造多个轮子。一个刹车踏板就可以保证汽车的安全，多个刹车踏板反而会带来混乱。

9.1.2　世界是并行的

整个宇宙、时间就是一个维度，万物并行存在，万事并行发生。Go 原生支持并发，更容易对并行世界建模，更容易解决并行世界里的问题域。

9.1.3　组合优于继承

世界是由万物组合而成的。微观世界里物质由分子组合而成，分子由原子组合而成，原子由原子核和电子组合而成；在人类社会中，一个家庭是由多个人组成的，一个班级是由多个同学组成的，一个办公室是由多个员工组成的。我们日常使用的手机、汽车都是由一个个零部件组合而成的。继承关系在世界万物的关系中是一个非常小的子集，组合才是世间万物基本的、常见的关系。所以以继承为基础的面向对象语言存在表现力不足，最后不得不搞出一套设计模式来弥补这个缺陷。Go 语言选择的是组合的思想，这是和现实世界万物关系比较吻合的设计，表现力更强。Go 编程中不会有所谓的 23 种设计模式，Go 使用一种很自然的方式来建模世界，解决问题。

9.1.4　非侵入式的接口

计算机界有一句经典的名言："计算机科学领域的任何问题都可以通过增加一个间接的中间层来解决"（Any problem in computer science can be solved by anther layer of indirection）。在软件设计领域，层与层之间的解耦可以通过"接口"来实现，分层是计算机编程领域的战略指导思想，接口是分层实现的一种重要战术手段。

Go 语言接口采用的是一种 Duck 模型，具体类型不需要显式地声明自己实现了某个接口，只要其方法集是接口方法集的超集即可。至于判断类型是否实现接口则完全交给编译器去处理。这显然是一种更加先进的方式，它使接口和实现者彻底解耦，在接口和实现之间不需要强关联了。这完全符合软件开发的基本流程，好的软件不是一次写成的，是不断迭代重构的产物。在最初设计阶段，可能完全没有使用接口，后来抽象出接口，再后来具体类型实例实现了更多的方法，又抽象出更复杂的接口。Go 的接口可以组合新接口，这个特性使得 Go 程序的迭代和重构非常容易。人不是上帝，没有上帝视角，显式的接口声明显然要求人具备上帝视角，整个接口继承体系一开始就要进行精心和周全的设计。很多没有 Duck 模型接口的语言类库的设计往往很复杂，设计者需要从上帝视角设计类库，因为一旦接口和继承关系确定了，后续很难再优雅地改动。Go 不一样，Go 倾向于小粒度的接口设计，通过接口组合，自由组合成新接口，这和人类对世界基本认知的过程一致，便于后续代码的重构和优化。

9.1.5　总结

Go 不像 Java 那样，宗教式地完全面向对象设计。完全面向对象的设计有时并不能很好地描述这个世界。Java 就好比手里握着锤子，看什么都是钉子，这与现实世界不符。类描述单个事物还可以，一旦表示多个事物间的交互和复杂关系，其表现力就会遇到挑战，最后通过设计模式进行弥补。设计模式不是因为语言优秀带来的副产品，而是因为语言表现力不足而不得不依赖经验积累进行弥补。Go 是面向工程的实用主义者，其继承了面向对象、函数式和过程式等各个范式语言的优点，使用函数、接口、类型组合、包等简单的语言特性，组合产生强大的表现力，可以轻松地构建大规模程序。

是时候转变观念了，不要一提编程就说面向对象，一提面向对象就谈设计模式。编程的世界是多样的，编程思想和范式是丰富多彩的。这不是在刻意贬低其他语言，为 Go 语言歌功颂德。Go 之所以有这么好的设计，是因为其规避了前面各种语言踩过的坑，吸收了许多优秀语言中好的语言特性。作为新语言没有太多的历史包袱，又能从历史语言中吸取经验和教训，新语言只会越来越优秀，这不足为奇。改进生产工具，提升生产力，应该是每个程序员不懈追求的东西，Go 语言恰巧就是这么一种能快速提升生产力的语言。

最后，我想说：未来已来，Let's Go。

9.2 Go 语言发展史

9.2.1 站在巨人的肩膀上

Go 语言不是革命性的语言，先前的历史语言为 Go 语言的设计提供了很好的参考，可以毫不夸张地说，Go 语言正是站在这些巨人的肩膀上前进的。Go 是 C 系的语言，表达式语法、控制流结构、基础数据类型、调用参数传值、指针等很多思想都来自 C 语言；Go 语言的另一个祖先分支来自围绕着 CSP 理论而诞生的一批语言：Squeak 和 Newsqueak，这两种语言都是 Go 语言创始团队的作品，可见 Go 并不是创始团队一时心血来潮的作品，而是在一定的历史积淀下诞生的。

这里不得不提另一个让 Go 能迅速成功的因素，那就是 UNIX 和 Plan9 操作系统，Go 的创始团队大部分来自 UNIX 和 Plan9 操作系统的核心团队，Go 早期的编译工具链很多都是从 Plan9 快速迁移过来的，Go 语言的核心成员都有丰富的操作系统和编译器开发经验，他们在这些大型软件开发过程中的经验、思想和工具为 Go 的设计开发提供了很好的基础保障，让 Go 能够站在更高的起点上。

最后要说的是 Go 语言卓越的核心团队：

- Ken Thompson：UNIX 和 C 的共同发明者，1983 年图灵奖获得者。
- Rob Pike：UNIX 和 Plan9 操作系统核心成员，和 Thompson 合作发明了 UTF-8。
- Robert Griesemer：Java 虚拟机项目 HotSpot 核心成员，JavaScript V8 引擎主要贡献者。

站在巨人的肩膀上，又有巨人参与，背靠大公司和开源社区的支持，近 10 年来 Go 取得了迅速发展，相信前途会更加光明。

9.2.2 里程碑

2007 年——诞生

2007 年 9 月 20 日，Robert Griesemer、Rob Pike 和 Ken Thompson 三人在 Google 内部讨论会议上提议要开发一个新语言，9 月 25 日，Rob 在邮件中提议新语言名叫 Go。

2008 年——核心团队组建完成

2008 年 6 月 7 日，gcc 领域"大牛"Ian 给 Go 创始团队发了封邮件，说他根据 Go 语言在公司论坛上的语言规范写了 Go 的 gcc 编译器 gccgo，此时 Go 启用了第二编译器 gccgo。两个编译器的好处是保证 Go 语言的语言规范稳定、正确和高度的可移植性。同年，Russ Cox 加入团队，至此，Go 语言的核心团队基本成型。

2009 年——开源

2009 年 11 月 10 日，Go 语言正式宣布开源，源码首先放到 Google 的代码服务器上，后来迁移到 GitHub。

2012 年——Go 1.0 发布

2012 年 3 月 28 日，Go 1.0 正式发布，Go 开发团队同时做出承诺：后续任何版本都要保证语言规范的稳定性和程序兼容性，从 1.0 版本开始的代码在后续的编译器中都可以不加修改地进行编译，同时核心 API 接口不会再做出重大调整。

2015 年 8 月——Go 1.5 发布

编译工具链：Go 实现自举，编译器和运行时几乎全部使用 Go 重写，Go 可以编译 Go 编译器，实现"鸡生蛋和蛋生鸡"，自举可以看作语言成年的标志；GC 通过并行回收机制，延迟得到大幅改善，延迟平均控制在 10ms 以内，延迟已经不再是语言的问题。

2016 年 2 月——Go 1.6 发布

编译工具链：语法分析器从 yacc 改为硬编码实现（好处：便于优化，更快）。GC：延迟更低，稳定在 3ms 左右（特别对大内存程序做了优化）。

2016 年 8 月——Go 1.7 发布

编译工具链：64-bit x86 体系的编译器生成 SSA（static single-assignment）格式的中间代码（IR），Go 程序可以更好地进行编译器中后端的优化。

2017 年 2 月——Go 1.8 发布

语言规范微调：struct 的类型定义如果只是 tag 不同，则可以相互强制转换；编译工具链全体系结构支持 SSA。

2017 年 8 月—— Go 1.9 发布

语言规范微调：增加类型别名的概念；sync 包里面增加了并发安全的 map。

2018 年 2 月——Go 1.10 发布

主要在编译和测试过程中增加了缓存机制，便于更快速地编译和测试。

版本发布历史和详细变更点可以参考官方说明。

9.3　未来

从 2007 年算起，Go 已经走过十多个春秋，从 1.0 版本开始，Go 语言团队基本兑现了当初的承诺：保持语言规范、保持稳定性，旧版本的源程序不需要修改就能被新的编译器编译运行。但世界上不可能有完美的语言，Go 在多年的发展中也暴露出一些问题，本节简单介绍 Go 语言当前的问题及未来的发展方向。

9.3.1　争议

1．包管理

第三方代码的依赖和版本管理一直是开发者"吐槽"Go 的地方，作为一门为构建大规模程序而生的语言，没有成熟的外部包管理工具有点说不过去。还好 Go 语言官方的管理工具 dep 已经初具雏形，假以时日，相信这个问题能得到彻底解决。

2．泛型支持

Go 开发团队开始是坚决反对 Go 对泛型的支持的，近期有松动迹象，Go 2 会考虑支持泛型，具体怎么实现，Go 团队还在内部讨论中。相信在 Go 2 中应该能看到泛型的身影。

3．错误处理

Go 语言当前的错误处理可以形容为简单、直接粗暴、有效，将错误处理看作系统逻辑的一部分，这种对待错误的态度还是值得肯定的，但这种错误的代码显然不够优雅，作为高级语言，对错误处理进行适当的抽象也不是不可以，Go 2 中可能提供新的语法来支持错误处理，错误处理后续可能有更优雅的表达方法，大家拭目以待吧。

9.3.2　Go 2

关于 Go 2 有很多的讨论，但是官方并没有详细的蓝图。Russ Cox 在《Toward Go 2》中做了简单的介绍。整体的思路是：Go 2 必须兼容的 Go 1 的源代码，不会分裂 Go 的生态系统。在 Go 1 中编写用程序在很长一段过渡期内毫不费力地在 Go 2 上工作，像 go fix 这样的自动化工具肯定会承担更多的自动转换的工作。Go 2 不会是突然地切换，而是在 Go 1.xx 的版本版本上循序渐进地加入新功能，直到有一天 Go1.xx 完全实现了 Go 2 的所有特性，然后就将 Go 1.xx 改名为 GO 2.0，理想情况下 Go 1 应该能平滑地升级到 Go 2。